Dipl.-Ing. Ingeborg Schier

Selbst Elektroinstallationen ausführen

Compact Verlag

© 1992 Compact Verlag München
Nachdruck, auch auszugsweise,
nur mit ausdrücklicher Genehmigung
des Verlages gestattet.
Alle Anleitungen wurden
sorgfältig erprobt – eine
Haftung kann dennoch
nicht übernommen werden.
Alle Fotos stammen von der Autorin,
mit Ausnahme folgender Abbildungen:
S. 70, 82, 84 Legrand GmbH, 4770 Soest,
S. 74 H. Kopp AG, 8756 Kahl/Main.
Umschlaggestaltung: Inga Koch
Redaktion: Anne Kaspar,
Eva-Maria Zehetmair
ISBN 3-8174-2247-4
2222471

Ein Wort zuvor

Selbermachen – ein Hobby, das heute für Millionen zur sinnvollen Freizeitbeschäftigung geworden ist. Ob es sich nun um die gemietete Altbauwohnung oder um die eigenen vier Wände handelt, mit etwas Geschick und einer fachmännischen Anleitung lassen sich oft verblüffende und ansprechende Ergebnisse erzielen: bei kleineren Reparaturen, beim Renovieren und Verschönern und beim Um- und Ausbauen.

Und Selbermachen bringt Spaß. Freude an der eigenen Arbeit deren Ergebnis man Tag für Tag sehen und »bewundern« kann; es spart Geld, mit dem sich langgehegte Wünsche erfüllen lassen, und es macht unabhängig von Handwerkern, auf die man womöglich wochenlang und schließlich vergeblich gewartet hat.

Fachgeschäfte, Heimwerker- und Baumärkte versorgen den Hobby-Handwerker mit allen Werkzeugen und Materialien, die er braucht. Doch richtiges Werkzeug und Begeisterung allein reichen nicht aus. Unerläßlich sind eine gründliche Vorbereitung und Fachkenntnisse, wie eine Arbeit durchzuführen und was dabei zu beachten ist.

COMPACT PRAXIS **Selbst Elektroinstallationen ausführen** zeigt, wie man's macht. Mit wertvollen Tips und Tricks, die sich in der Praxis tausendfach bewährt haben. Jeder Arbeitsgang wird ausführlich Schritt für Schritt gezeigt und in Bild und Text erläutert. Übersichtliche Symbole zeigen auf einen Blick, mit welchem Schwierigkeitsgrad, welchem Kraft- und Zeitaufwand Sie bei jedem Arbeitsgang rechnen müssen, welche Werkzeuge Sie brauchen und wieviel Geld Sie durch Ihre eigene Arbeit einsparen können.

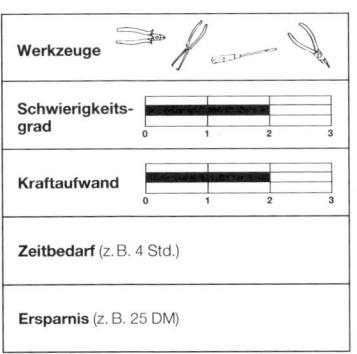

Und so stufen Sie sich richtig ein:

Schwierigkeitsgrad 1 – Arbeiten, die auch der Ungeübte ausführen kann. Es ist nur geringes handwerkliches Geschick erforderlich.

Schwierigkeitsgrad 2 – Arbeiten, die einige Übung im Umgang mit Werkzeug und Material erfordern. Es ist handwerklich durchschnittliches Geschick notwendig.

Schwierigkeitsgrad 3 – Arbeiten, die fachmannische Übung erfordern. Überdurchschnittliches Geschick ist erforderlich.

Kraftaufwand 1 – leichte Arbeit, die jeder bequem erledigen kann.

Kraftaufwand 2 – Arbeiten, die eine gewisse körperliche Kraft voraussetzen.

Kraftaufwand 3 – Arbeiten für kräftige Heimwerker, die keine »Knochenarbeit« scheuen.

Inhaltsverzeichnis

Fachbegriffe von A-Z

Ader: Kupferkern in der Leitung oder dem Kabel, der den Strom leitet.

Ampere(A): Einheit für die Stromstärke.

Außenleiter: Leiter, der die Stromquelle mit dem Verbraucher verbindet.

Diazed-Sicherung: Schmelzsicherung.

Erder: Leiter, der in der Erde eingebettet und leitend verbunden ist.

Fehlerstrom: Der Strom, der im Fehlerfall fließt.

Fehlerstrom-Schutzschalter: Schutzeinrichtung für den Personenschutz; sie schalten ab, wenn ein Fehlerstrom fließt.

Feinsicherung: Kleine Schmelzsicherung in elektrischen Geräten.

FI-Schalter: → Fehlerstrom-Schutzschalter.

Frequenz: Anzahl der Schwingungen pro Sekunde. Wechselstrom hat die Frequenz 50 Hz.

Gleichstrom: Elektrischer Strom, der zeitlich unverändert in eine Richtung fließt.

Hertz (Hz): Einheit der Frequenz.

Installationsplan: Übersichtsplan, in den alle elektrischen Geräte und Leitungen lagerichtig eingezeichnet sind.

Kilowattstunde: Einheit für die verbrauchte elektrische Arbeit. Wird durch den Zähler gemessen. Ein Gerät mit 1000 W verbraucht in 1 Stunde 1 kWh.

Leiter: Elektrisch leitfähiges Teil. Adern dienen als Leiter.

Leitungsschutzschalter: Schaltet ab, wenn der Stromfluß in der Leitung zu hoch ist; auch Sicherung genannt.

Lüsterklemme: Klemme mit zwei Schrauben zur Verbindung von starren und flexiblen Leitern.

Nennspannung: Im Wechselstromnetz beträgt sie 220 V.

Neozed-Sicherung: Schmelzsicherung.

Neutralleiter (N): Der stromrückführende Leiter.

Nulleiter (PEN): Neutralleiter mit Schutzfunktion.

Ohm (Ω): Einheit für den elektrischen Widerstand.

Phase: Stromführender Leiter.

Potentialausgleich: Beseitigung von Potentialunterschieden zwischen leitfähigen Teilen.

Schutzleiter (PE): Verbindet die berührbaren und leitfähigen Teile eines Verbrauchsgerätes mit anderen leitfähigen Teilen und/oder mit dem Erder. Im Fehlerfall fließt elektrischer Strom.

Schwachstrom: Spannungen bis höchstens 42 V.

Spannung: Tritt zwischen zwei Punkten auf, z.B. zwischen Außenleiter und Neutralleiter.

Starkstrom: Spannung über 42 V.

Stromkreis: Stromweg zwischen Sicherung und dem Verbraucher.

Stromkreisverteiler: Einbauort für Sicherungen, Fernschalter, Klingeltransformator, Zeitautomaten usw., auch Sicherungskasten genannt.

Stromstärke: Strommenge, die in einer bestimmten Zeit durch die Leitung fließt.

Überstromschutzorgan: Schmelzsicherungen oder Leitungsschutzschalter (LS).

Verbraucher: Alle elektrischen Geräte, die elektrischen Strom nutzbar machen, wie Lampen, Herde, Motoren usw.

Verbaucheranlage: Alle elektrischen Leitungen und Geräte wie Schalter hinter dem Hausanschlußkasten.

Volt (V): Einheit für die elektrische Spannung.

Watt (W): Einheit für den elektrischen Widerstand.

Wechselstrom: Elektrischer Strom, der periodisch seine Richtung ändert.

Öffentliches Stromnetz

Der elektrische Strom wird nach der Erzeugung im Kraftwerk in verschiedenen Umspannstationen auf eine Spannung von 380/220 Volt (Abkürzung: V) heruntertransformiert. Über Erdkabel (in kleineren Orten auch über eine Freileitung) erreicht er das Haus.

Hausanschlußkasten

1 Bei Erdanschluß ist das Hausanschlußkabel über die Einführungsleitung mit dem Hausanschlußkasten verbunden. Dieser ist im Keller oder Erdgeschoß des Hauses angebracht. Darin befinden sich die drei Hausanschlußsicherungen. Sie können nur von dem zuständigen Elektrizitätsversorgungsunternehmen (EVU) gewechselt werden und sollen verhindern, daß Defekte in der Hausinstallation das elektrische Versorgungsnetz schädigen können.
Vom Hausanschlußkasten führt die Hauptleitung (auch Steigleitung genannt) zum Elektrizitätszähler. Hausanschlußkasten und Zähler sind Eigentum der EVU. Sie sind plombiert, da die verbrauchte Energie bis zu dieser Stelle nicht gemessen wird.

Zähler

2 Der Zähler ist in modernen Installationen mit Zählervor- und Zählerabgangssicherungen gesichert, damit bei Überlast nicht gleich die Hauptsicherungen durchbrennen. Die Zählervorsicherungen sind ebenfalls plombiert. Alle Plomben dürfen nur die Elektrizitätsversorgungsunternehmen oder lizenzierten Elektroinstallateure öffnen!
In modernen Anlagen sind Zählerkasten und Stromkreisverteiler (meist Sicherungskasten genannt) in separaten Schränken untergebracht. Zählerschränke sind in leicht zugänglichen Räumen installiert, bei Einfamilienhäusern meist im Flur des Erdgeschosses, bei Mehrfamilienhäusern in speziellen Zählerräumen.

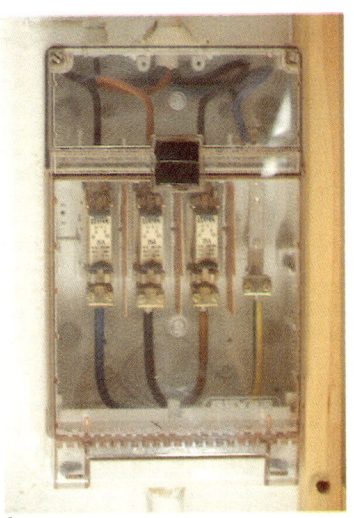

1

Stromkreisverteiler

3 Hier wird der Strom in die einzelnen Stromkreise aufgeteilt. Dort finden auch Fehlerstrom-Schutzschalter, Klingeltransformator und Schaltuhr ihren Platz. Die Zahl der Stromkreise ist abhängig von der Wohnungsgröße (vgl. Tabelle, Seite 8). Es müssen jedoch mindestens zwei sein, je einer für die Steckdosen und die Beleuchtung.
Geräte mit Anschlußleistungen größer als 2000 Watt, wie bei-

2

3

4

Wohnfläche der Wohnung in m²	Anzahl der Stromkreise für Steckdosen und Beleuchtung
bis 50	2
50 – 75	3
75 – 100	4
100 – 125	5
über 125	6

spielsweise Waschmaschinen, sollten einen eigenen Stromkreis erhalten. Jeder Stromkreis ist mit einer eigenen Sicherung ausgestattet.

Falls Stromkreise für verschiedene Tarife (z. B. Nachtstrom) vorhanden sind, bringt man diese entweder in unterschiedlichen Verteilerschränken unter oder trennt sie in einem Schrank voneinander ab.

Durch die Aufteilung in verschiedene Stromkreise kann man im Störfall nur die Sicherung abschalten, die vor der Fehlerquelle liegt. Das restliche Stromnetz bleibt davon unberührt.

Verbraucher

4 Der Stromkreis speist über die Verbindung Steckdose – Stecker die ortsveränderlichen Verbraucher. Die ortsfesten Verbraucher, wie z. B. Lampen, werden mit dem Wand- oder Deckenauslaß verbunden und über Schalter betätigt.

Drehstrom-Wechselstrom

Drehstrom

1 Die Kraftwerksgeneratoren erzeugen drei zeitlich verschobene einphasige Wechselspannungen. Einphasenwechselspannungen haben eine periodisch wechselnde Polarität, im deutschen Netz 50 mal pro Sekunde. Die Rückleitung der Ströme der drei Phasen erfolgt gemeinsam im Neutralleiter. Die Phasen nennt man Außenleiter und bezeichnet sie mit L1, L2 und L3, den Neutralleiter mit N. Die zeitungleichen Dreiphasenwechselströme heißen auch Drehstrom. Der Hausanschluß wird als Drehstromanschluß mit vier Adern ausgeführt. Ein solches Vierleiternetz nennt man auch Drehstromnetz.

2 Die Spannung zwischen zwei Außenleitern beträgt 380 V, zwischen jedem Leiter und dem Neutralleiter 220 V.

Wechselstrom

Jede Phase des Drehstroms kann mit dem Neutralleiter einen Stromkreis mit der Wechselspannung von 220 V bilden. Die drei Phasen werden zweckmäßig so auf die Stromkreise aufgeteilt, daß sie alle gleich belastet sind.

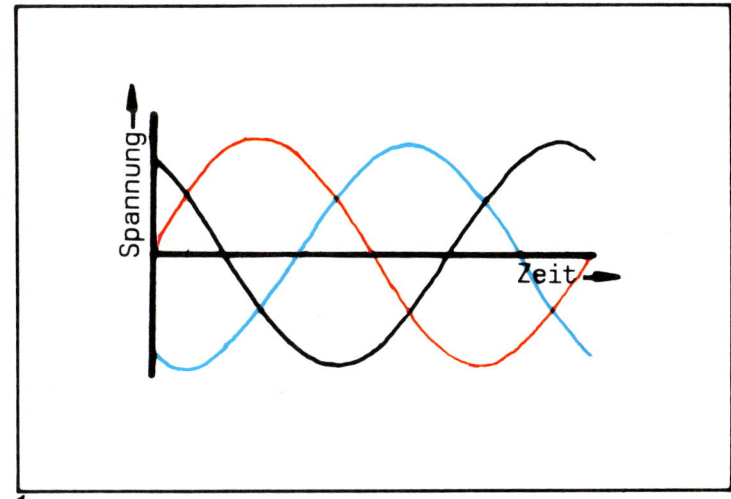

1

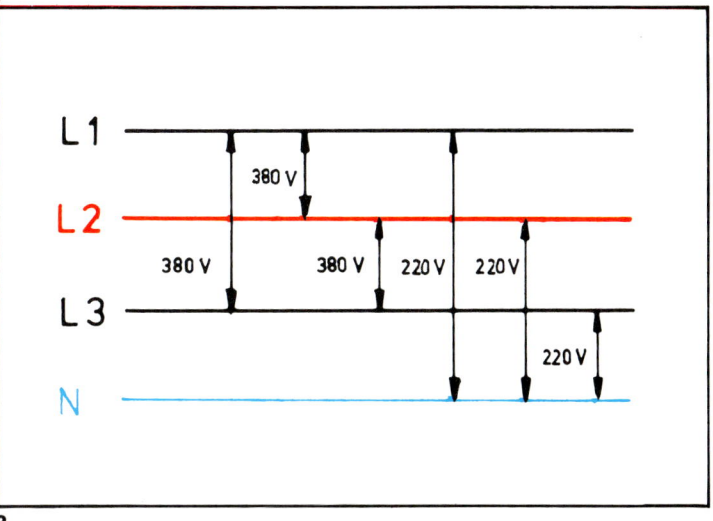

2

Der Zähler

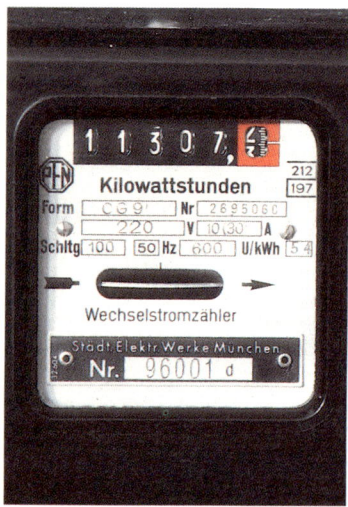

1

Die elektrische Arbeit ist das Produkt aus Spannung, Strom und Einschaltdauer. Der Zähler hat deswegen einen Spannungs- und einen Strompfad. Die Zählerscheibe aus Aluminium dient zur Erfassung der Zeit. Sie ist zwischen einer Strom- und Spannungsspule drehbar gelagert. Beim Anschluß eines Verbrauchers wird ein Magnetfeld aufgebaut, das die Zählerscheibe rotieren läßt. Je nach Höhe der benötigten Leistung dreht sich die Scheibe schneller oder langsamer. Schaltet der Verbraucher den Strom ganz ab, steht die Scheibe still. Die Konstante auf dem Zähler gibt an, nach wie vielen Umdrehungen der Zählerscheibe das mechanische Zählwerk den Verbrauch von 1 kWh anzeigt. Ist die Zählerkonstante 150 U/kWh, dann müssen 150 Umdrehungen ausgeführt werden, wenn 1 kW Energie verbraucht wurde. Sie können die Umdrehungen der sichtbaren Zählerscheibe zählen, wenn Sie sich an der roten Markierung orientieren, die dort angebracht ist.

Falls Sie den günstigeren Nachtstrom beispielsweise für einen Wasserboiler nutzen wollen, wird ein Zweitarifzähler ein-

Die verbrauchte elektrische Energie muß dem Elektrizitätsversorgungsunternehmen bezahlt werden. Deshalb installiert das EVU in jedem Haushalt einen Wechsel- oder Drehstromzähler, der die elektrische Arbeit in Kilowattstunden (kWh) anzeigt. Die geeichten und verplombten Zähler sind Eigentum der EVU; sie sind in Zählerplätzen untergebracht. Den Einbauort legt das EVU fest. Die Zähler werden auf Zählertafeln montiert und meist in Zählerschränken untergebracht, die bestimmten Vorschriften entsprechen.

gebaut. Diese haben für jeden Tarif ein eigenes Zählwerk, das entweder durch eine Schaltuhr oder über einen von dem EVU per Fernschaltimpuls gesteuerten Rundsteuer-Empfänger umgeschaltet wird.

Den Stromverbrauch von untervermieteten Räumen können Sie gesondert mit einem Zwischenzähler abrechnen, den Sie an beliebiger Stelle einbauen können.

1 Dem Leistungsschild des Zählers sind folgende Angaben zu entnehmen:

– Dreh- oder Wechselstromzähler
– Nennspannung 3 x 220/380 V oder 220 V
– Frequenz 50 Hz
– Zählerkonstante in Umdrehungen pro Kilowattstunde (z. B. 600 U/kWh)
– Schaltungsnummer für Drehstrom (Schltg. 4000 oder 3020), für einpoligen Wechselstrom (Schltg. 1000)
– bei zugelassenen Zählern die Gattungs- (z. B. 212) und die Zulassungsnummer (z.B. 197)

Erdung und Potentialausgleich

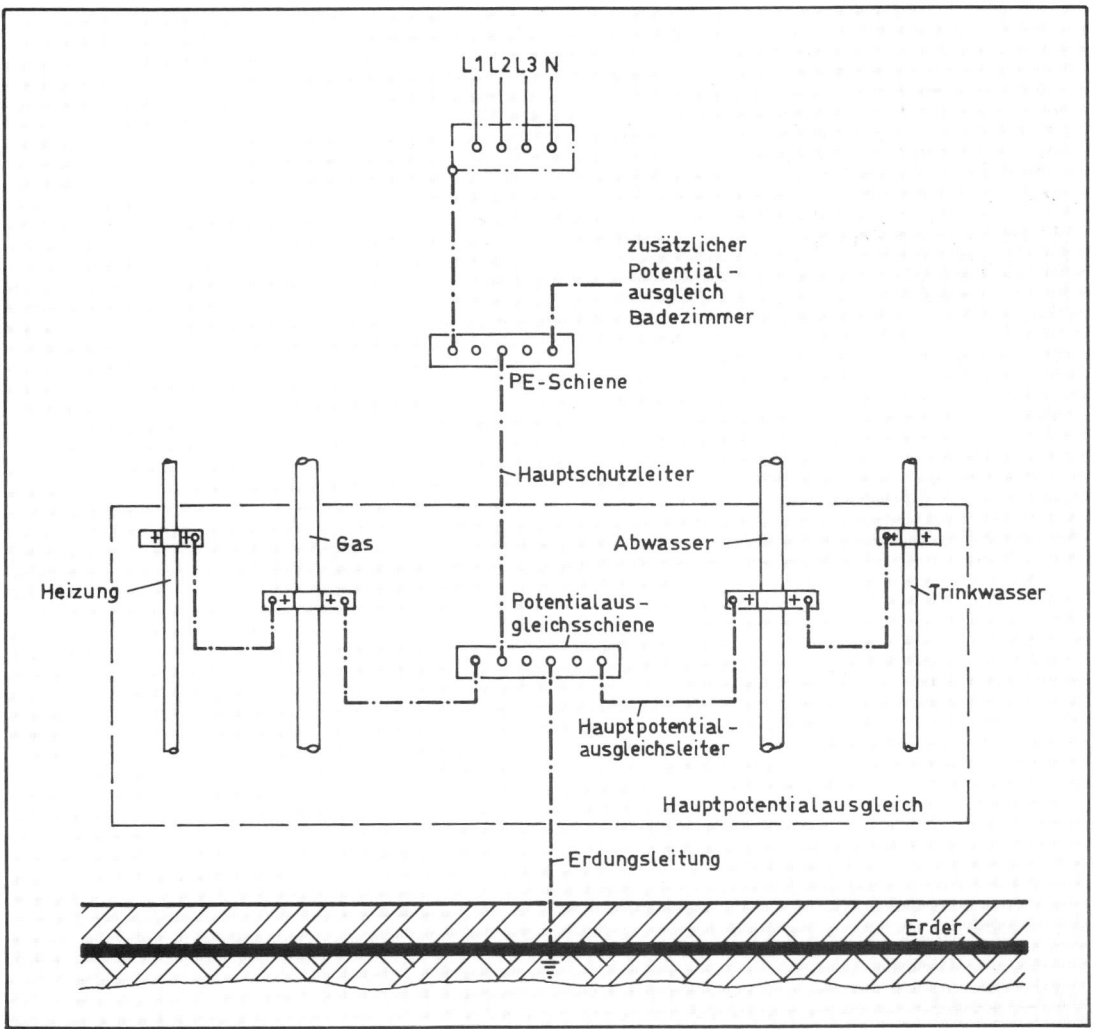

Fachkunde: Potentialausgleich

1   2

Erder

Die Erde selbst ist ein guter Leiter. Elektrische Ströme können über sie abfließen. Erder sind blanke Leiter, die in das Erdreich eingebettet sind und so mit ihr in einer leitenden Verbindung stehen.

Es gibt verschiedene Arten von Erdern. Am häufigsten werden sie als Fundamenterder verlegt. Ein verzinkter Bandstahl wird dazu als geschlossener Ring in den Beton des Hausfundamentes gelegt. Die Anschlußfahne verbindet den Erder mit der Hauptpotentialausgleichsschiene. Das Potential des Erders und damit auch der Potentialausgleichsschiene entspricht dann dem Erdpotential und ist gleich 0. Das Anschließen von

Erdern ist aber nur eine Aufgabe von Elektroinstallateuren.

Der Neutral- oder auch der Nulleiter der Hauptleitung zum Zähler wird hinter dem Hausanschlußkasten mit dem Erder an der Potentialausgleichsschiene verbunden. Dadurch ist der Neutral- oder Nulleiter am Hausanschluß »geerdet«. Das Potential des stromrückführenden Neutralleiters ist damit ebenfalls gleich 0. Zwischen dem Neutralleiter und der Erde kann also keine Spannung anliegen und deshalb auch kein Strom fließen. Seit Oktober 1990 sind eigene Hauserder Pflicht. Die früher übliche Erdung durch Anschluß an das öffentliche Wasserrohrnetz ist nicht mehr zulässig.

Potentialausgleich

1 Mit der Potentialausgleichsschiene müssen auch alle mechanischen Leitungen, wie die Brauchwasserleitung, die Heizungsrohre und die Gasleitung, verbunden werden. Die Erdungsleitungen für die Antennen- und Fernmeldeanlage, sowie die Blitzschutzerder dürfen ebenfalls damit verbunden werden. Auch der separate Schutzleiter (PE) ist in den Potentialausgleich durch einen Anschluß an die Potentialausgleichsschiene einzubeziehen.

Zusätzlicher Potentialausgleich

2 Bade- und Duschwannen werden mit einem örtlichen Potentialausgleich versehen. Das geschieht durch einen Kupferleiter mit einem Mindestquerschnitt von 4 mm². Dieser wird an die Potentialausgleichsschiene oder an die geerdete Wasserleitung angeschlossen.

Dadurch kann man Potentialunterschiede und damit Spannungen zwischen leitfähigen Teilen im Haus beseitigen. Das Gebäude und die sich darin befindenden größeren metallischen Körper sind dadurch auf ein einheitliches Potential festgelegt.

Ein Kurzschluß hat verschiedene Ursachen

1 Eine durchgeschmorte Stelle in der Leitung eines Elektrogerätes oder das Eindringen von Wasser in die Waschmaschinenelektrik: In beiden Fällen »brennt« die Sicherung durch und man spricht von einem Kurzschluß. In der Elektrotechnik trifft man Unterscheidungen nach der Art der Berührung des stromführenden Leiters mit anderen leitfähigen Teilen. Die wichtigsten Arten sind:

Kurzschluß

2 Als Kurzschluß wird bezeichnet, wenn sich der stromführende Leiter und der Neutralleiter direkt berühren. Dies geschieht vor allem bei geknickten Leitungen (z. B. an Steckern) von Elektrogeräten. Der Widerstand an der Berührungsstelle zwischen den beiden Leitern ist gleich 0. Es fließt deshalb ein sehr hoher Kurzschlußstrom.

Körperschluß

3 Wenn die Phase mit dem leitfähigen Gehäuse eines Verbrauchers eine elektrische Verbindung hat, spricht man von einem Körperschluß. Diese Verbindung ist entweder widerstandslos, dann ist es ein **satter Körperschluß**. Oder sie

hat einen gewissen Widerstand, wie es beim Eindringen von Wasser in elektrische Geräte vorkommen kann. Diesen Fall bezeichnet man als **unvollkommenen Körperschluß**. Bei letzterem kann ein nur kleiner Fehlerstrom fließen, der unterhalb der Abschaltgrenze der Sicherung liegt. Bei einem Körperschluß stehen leitfähige Gehäuseteile unter Spannung. Bei Berührung stellen diese eine große Gefahr für den Menschen dar, da Ströme durch den Körper zur Erde oder zu geerdeten Teilen fließen.

Überlast

Eine ganz andere Gefahr im elektrischen Installationsnetz ist die Überlast.
Der Stromfluß durch einen elektrischen Leiter erwärmt diesen. Entsprechend dem Leiterquerschnitt können in diesen nur Ströme einer gewissen Stärke fließen. Übersteigt der Stromfluß diesen Wert, wird der Leiter zu heiß und die Leitungsinstallation gerät in Brand. Man nennt diesen anhaltend zu großen Strom Überlast. Dieser Fall tritt ein, wenn man zu viele elektrische Verbraucher an einem Stromkreis anschließt.

1

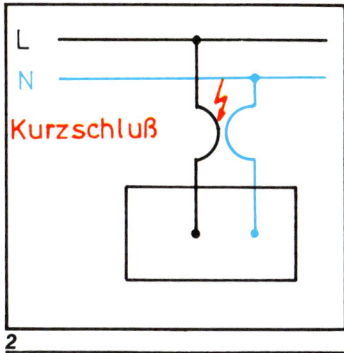
2

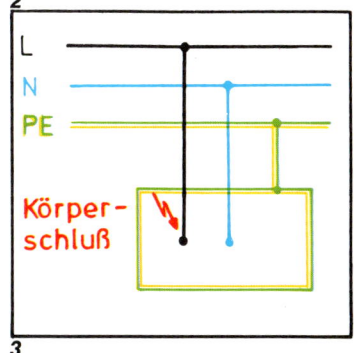
3

Sicherungen

1

2

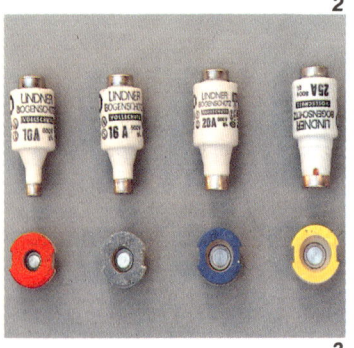

3

Die wichtigste Schutzmaßnahme in der elektrischen Hausinstallation ist die Sicherung. Der moderne Fachbegriff lautet »Überstromschutzorgan«. Damit ist bereits die Wirkung der Sicherung beschrieben. Sie unterbricht den Stromkreis bei Kurzschluß und Überlast.

Abschaltzeiten
In Steckdosen-Stromkreisen muß die Sicherung innerhalb von 0,2 sek abschalten, nachdem ein satter Körperschluß aufgetreten ist. Bei Stromkreisen mit ortsfesten Betriebsmitteln (z. B. Elektroboiler) darf die Abschaltzeit 5 sek betragen.

Einsatzort
Überstromschutzorgane muß man überall dort einbauen, wo der Leitungsquerschnitt verringert wird. Als Kurzschlußschutz sind sie am Anfang der zu schützenden Leitung eingebaut. Als Überstromschutzorgane setzt man Schmelzsicherungen oder Sicherungsautomaten ein.

Schmelzsicherungen
1 In der Wohnungsinstallation verwendet man folgende Schmelzsicherungstypen:

– Niederspannungshochleistungs-Sicherungen (NH)
– Diazed-Sicherungen (D)
– Neozed-Sicherungen (DO)
Die NH-Sicherungen werden nur als Zählervorsicherungen eingesetzt. Diese Sicherungen sind in einem verplombten Gehäuse untergebracht und dürfen nur von zugelassenen Installateuren ausgewechselt werden.

Diazed-Sicherungen
2 Diese Schmelzsicherung besteht aus dem festinstallierten Sicherungssockel mit der Paßschraube, dem Schmelzeinsatz (auch Sicherungspatrone genannt) und der Schraubkappe mit Sichtfenster.

3 Damit man zum Beispiel eine 16-Ampere-Sicherung nicht durch eine mit höherem Nennstrom ausgestattete Sicherung ersetzt, wird in den Sockel der Sicherung eine Paßschraube eingedreht. Der Innendurchmesser entspricht dem Durchmesser des Fußkontaktes der entsprechenden Sicherungspatrone. Eine Verwechslung ist damit ausgeschlossen.
Sie erkennen die Stärke einer Sicherung auch an der Farbe.

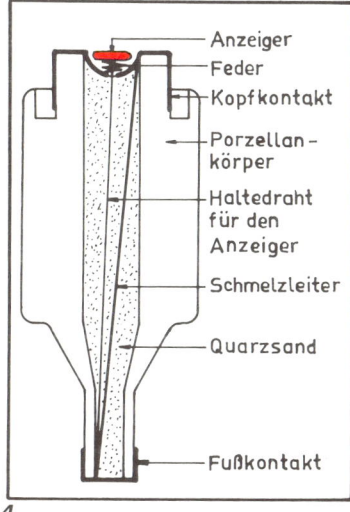

4

Anzeiger
Feder
Kopfkontakt
Porzellan-körper
Haltedraht für den Anzeiger
Schmelzleiter
Quarzsand
Fußkontakt

Sowohl die Paßschraube als auch der Kennmelder haben die gleiche Farbe:

Nennstrom in A	Kennfarbe
6	grün
10	rot
16	grau
20	blau
25	gelb

4 Die Sicherungspatrone ist ein mit Quarzsand gefüllter Porzellankörper. Vom Fuß- bis zum

Kopfkontakt ist ein dünner Schmelzleiter eingezogen. Vom Fußkontakt aus führt auch ein Haltedraht zum farbigen Anzeiger in der Mitte des Kopfkontaktes. Bei zu hoher Stromstärke glüht der Leiter und schmilzt weg. Der Stromkreis ist unterbrochen. Auch der Haltedraht wird unterbrochen, der Anzeiger fällt ab. Die Unterbrechung wird damit gemeldet. Dies kann man durch das Glasfenster in der Schraubkappe beobachten. Es kann aber auch vorkommen, daß der Anzeiger nicht abfällt. Wenn man nicht weiß, welche Sicherung den unterbrochenen Stromkreis absichert, muß man die Sicherungspatronen nacheinander herausschrauben und die Anzeiger nachsehen.

Neozed-Sicherung

5-6 Die Neozed-Sicherung ist eine moderne und platzsparende Variante. Sie ist ähnlich wie die Diazed-Sicherung aufgebaut. Statt einer Paßschraube ist hier ein Paßring eingesetzt, der eine Verwechslung ausschließt. Die Kennfarben sind dieselben wie in der Tabelle oben aufgeführt.

7 Das Durchbrennen bei Schmelzsicherungen erfolgt bei

5

6

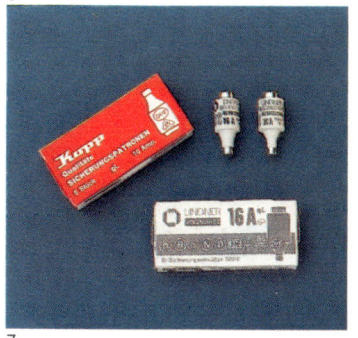

7

8

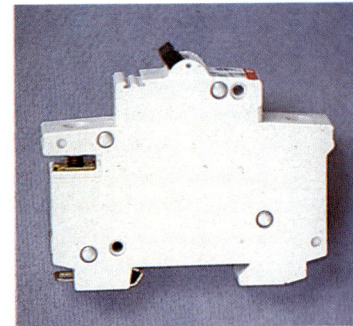

11

9

Schraubautomaten

9 Die Schraubautomaten passen in die Schraubsockel der Schmelzsicherungen. Als Verwechslungsschutz haben sie ebenfalls einen unterschiedlich großen Fußkontakt.

10 Nach dem Auslösen schaltet sich durch Druck auf den schwarzen Knopf in der Mitte der Automat wieder ein. Den Stromkreis kann man auch von Hand unterbrechen, wenn man den kleinen roten Knopf drückt; der schwarze springt dann automatisch heraus.

Kurzschluß schnell, bei geringer Überlast jedoch nur langsam. Der Nachteil von Schmelzsicherungen besteht darin, daß man durchgebrannte Sicherungen durch neue ersetzen muß. Es ist also ratsam, einen entsprechenden Vorrat zuhause zu haben. Sie können die Schraub-Schmelzsicherung gegen sogenannte Schraubautomaten entsprechender Stärke ersetzen.

Sicherungsautomaten

Die Vorteile sind die Wiedereinschaltbarkeit nach der Auslösung, die Verwendbarkeit als Schalter und das schnelle Ansprechen im Kurzschlußfall.

8 Es gibt Schraubautomaten (rechts) und moderne Leitungsschutzschalter (links).

Moderne Leitungsschutzschalter

11 In der Hausinstallation setzt man heute überwiegend Leitungsschutzschalter in Flachbauweise ein. Der Vorteil ist der geringe Platzbedarf (17,5 mm Breite). Die im Handel erhältlichen Leitungsschutzschalter sind immer mit einem Prüfschild versehen.

Folgende Werte müssen angegeben sein: Typ (hier B), Nennstrom (hier 16 A), die Nennspannung 230/400 V, das maximale Abschaltvermögen 6000 A und die Selektivitätsklasse 3.

Sicherungsautomaten lösen auf zweierlei Art aus.

12-13 Für den **Kurzschluß-schutz** sind elektromagnetische Auslöser eingebaut. Der Strom fließt durch die Spule eines Elektromagneten. Überschreitet die Stromstärke einen bestimmten Wert, wird ein Kontakt angezogen. Der Mechanismus löst aus. Diese schnell arbeitenden Auslöser können die großen Stromstärken ausschalten, die bei Kurzschlüssen auftreten.

Ein thermischer Auslöser ist für den **Überlastschutz** vorgesehen. Eine Bimetallfeder erwärmt sich durch den Stromfluß. Durch den großen Stromfluß und die damit erzeugte hohe Erwärmung verbiegt sich die Feder stark. Der Stromkreis wird aufgebrochen. Diese Auslöser lösen nur mit Verzögerung aus. Durch einen Kurzschlußstrom würden sie zerstört. Schutzschalter mit kombinierter Auslösung nennt man Leitungs-schutzschalter. Leitungsschutzschalter schalten selektiv ab, das bedeutet, daß nur der vor der Fehlerquelle liegende Schutzschalter abschaltet. Vorgeschaltete Sicherungen, wie die Haussicherung, bleiben davon unberührt.

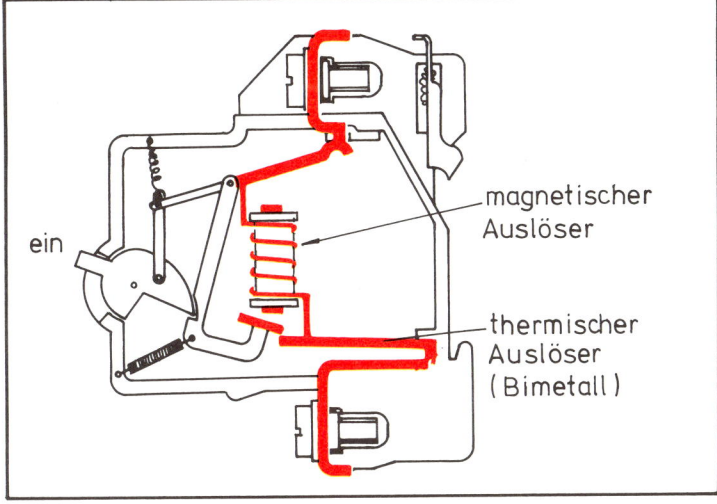

ein

magnetischer Auslöser

thermischer Auslöser (Bimetall)

12

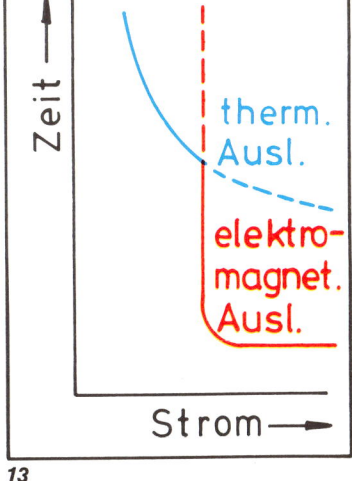

therm. Ausl.

elektromagnet. Ausl.

Zeit

Strom

13

Schutzleiter

1

2

3

Neben dem Schutz durch Isolierung stellen die Potentialausgleichsverbindungen und die Schutzleiter wichtige Elemente der Schutzmaßnahmen dar.

Schutzleiterwirkung

Die Aufgaben des Schutzleiters:
– Bei satten Körperanschlüssen stehen leitfähige Gehäuseteile, die berührt werden können, plötzlich unter Spannung. Der Berührungsort zwischen Phase und Gehäuse ist praktisch widerstandslos. Wegen der Verbindung Gehäuse – geerdeter Schutzleiter – Neutralleiter wird der Körperschluß zu einem Kurzschluß. Es fließt ein genügend großer Kurzschlußstrom. Die Sicherung spricht an.
– Bei Fehlerströmen unterhalb des Auslösewertes der vorgeschalteten Sicherung dient der Schutzleiter als Potentialausgleichsleiter.
Solche Fehlerströme entstehen bei einem unvollkommenen Körperschluß. Die Berührungsstelle der Phase mit dem leitenden Gehäuse hat einen hohen Widerstand. Wegen des Schutzleiteranschlusses können keine Potentialunterschiede zwischen zwei leitenden Körpern entstehen. Gefährliche Berührungs-

spannungen werden somit verhindert.

1 Der Schutzleiter muß mit allen leitfähigen und berührbaren Gehäuseteilen von Elektrogeräten verbunden werden, die bei einem Körperschluß Spannung annehmen können.

2-3 Um das Schutzleitersystem wirksam zu machen, müssen alle Steckvorrichtungen einen Schutzkontakt (Schuko) haben. Der Schutzkontakt verbindet den Schutzleiter der beweglichen Leitungen mit dem Schutzleiter der festen Hausinstallationen.
Seit 1970 müssen Adern, die als Schutzleiter verlegt werden, über die ganze Länge grüngelb gekennzeichnet werden. Der Leitungsquerschnitt des Schutzleiters muß bis zu einer Größe von 16 mm² dem der Phase entsprechen.
Schutzleiter allein dürfen nicht durch Schalter oder Sicherungen unterbrochen werden. Leiter mit grüngelber Kennzeichnung sind außerdem nur für Potentialausgleichs- und Erdungsleiter zu benutzen. Eine Verwendung als Phase ist unzulässig und gefährlich.

Netzformen

Neubauten

1 Die am häufigsten anzutreffende Netzform ist das sogenannte TN-C-S-Netz. Bei dieser Kennzeichnungsform bedeutet das T (Terra) geerdet, im Gegensatz zu I (isoliert). N besagt, daß das Betriebsmittel, d.h. die angeschlossene Lampe oder Waschmaschine »genullt« ist. Die weiteren Buchstaben S und C beschreiben die Art der Nullung; S (separat) bedeutet, daß der Schutzleiter PE und der Neutralleiter N getrennt sind. Mit (engl. common, d.h. gemeinsam) wird das Netz bezeichnet, wenn PE- und N-Leiter als PEN (Nulleiter) gemeinsam geführt sind. Der Neutralleiter übernimmt also die Schutzaufgabe mit.

2 Der Neutralleiter wird im Kraftwerk geerdet. Zum Hausanschlußkasten führen also die drei Außenleiter (Phasen) und der Nulleiter PEN. Hinter dem Hausanschlußkasten teilt sich der PEN-Leiter in einen Schutzleiter PE und in einen Neutralleiter N. Der Schutzleiter wird mit der Hauptpotentialausgleichsschiene verbunden. Hinter dieser Aufteilung in PE und N müssen beide Leiter klar voneinander getrennt bleiben.

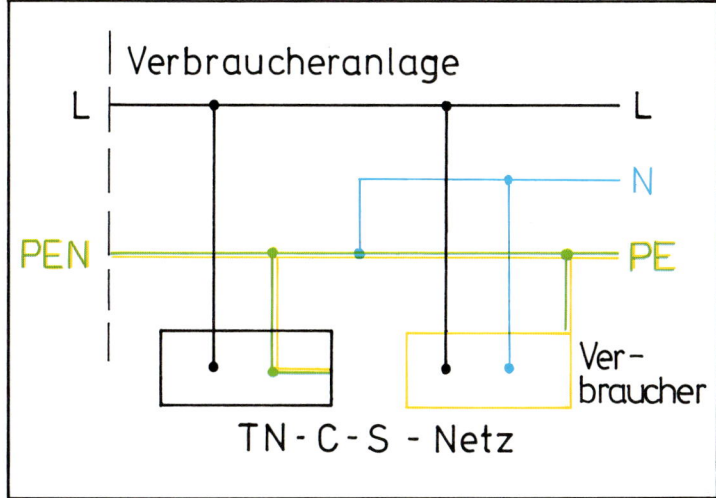

TN-C-S-Netz

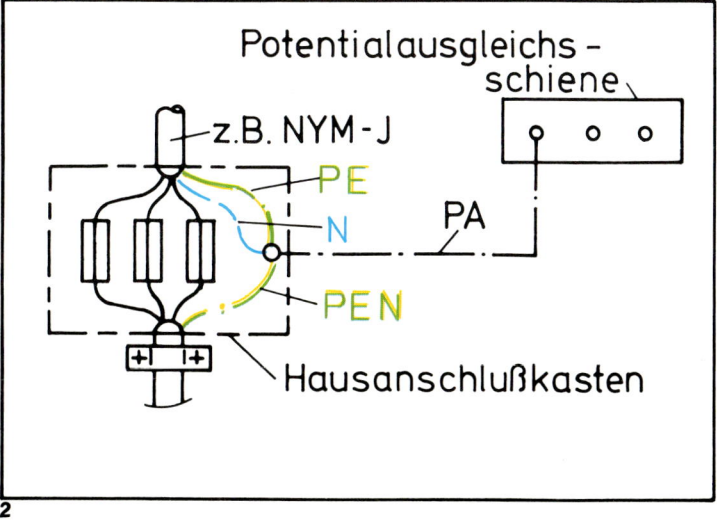

3

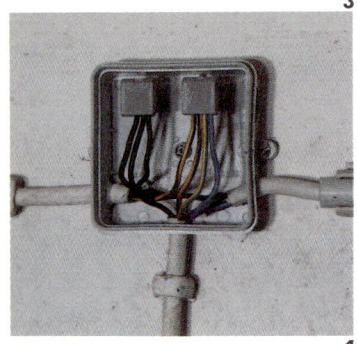

4

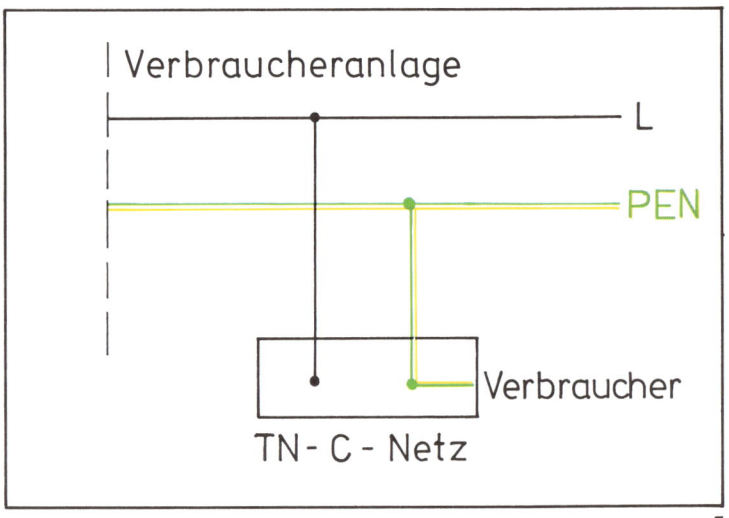

5

Der Schutzleiter verbindet alle leitfähigen Gehäuseteile der Elektrogeräte mit der Erde, bzw. dem Potentialausgleich. Bei einem Bruch des stromrückführenden Neutralleiters bleibt die Schutzfunktion im TN-C-S-Netz erhalten.

Altbauten

3 Bei älteren Elektroinstallationen hat man häufig nur zwei Adern für das Wechselstromnetz (220 V) verwendet und keinen grüngelben Schutzleiter (früher auch rot) mitgeführt. Der Neutralleiter hat auch Schutzfunktion und wird Nulleiter (PEN-Leiter) genannt. Normalerweise führt er den Betriebsstrom, im Fehlerfall auch den Fehlerstrom. Bei dieser Netzform ist bei einer Unterbrechung im stromrückführenden Leiter auch die Schutzfunktion aufgehoben.

4 Von einer Abzweigdose aus muß man den PEN-Leiter in einen Schutzleiter (PE, grüngelb) und einen Neutralleiter (N, blau) aufteilen. In der bestehenden Installation muß man den Schutzleiter aber nicht nachrüsten.

5 Diese Netzform heißt TN-C-Netz. Der Nulleiter wird am Hausanschlußkasten nicht in zwei Leiter aufgetrennt. Erweitert man ein solches TN-C-Netz, muß man ab dem Erweiterungspunkt die Nullung mit separatem Schutzleiter anwenden.

Fehlerstrom-Schutzschalter

Während Überstromschutzorgane eigentlich dem Leitungs- und damit dem Brandschutz dienen, wird der Fehlerstrom-Schutzschalter (kurz FI-Schalter) im Gegensatz dazu nur für den Personenschutz eingesetzt. Bei einem Körperschluß bietet er Schutz vor dem Auftreten gefährlicher Spannungen an leitfähigen Gehäuseteilen eines Elektrogerätes.

Der Fehlerstrom-Schutzschalter arbeitet nach dem Prinzip des Stromvergleiches. Ein Summenstromwandler vergleicht den in die Anlage hineinfließenden mit dem zurückfließenden Strom. Falls aufgrund eines Isolationsfehlers ein Teil des Stromes über den Schutzleiter fließt und deshalb der zurückfließende Strom kleiner ist, schaltet der Schutzschalter innerhalb von 0.04 sek ab.

Für die Neuinstallation von Bädern ist der FI-Schalter vorgeschrieben. Er muß bei einem Fehlerstrom von höchstens 0,03 A abschalten. In alten Bädern sollte er möglichst nachträglich installiert werden.

Überprüfen Sie mindestens alle sechs Monate die einwandfreie Funktion, indem Sie die Prüftaste drücken.

Die getrennte Leitungsführung von Neutral- und Schutzleiter ist die Voraussetzung für die Wirksamkeit des FI-Schutzschalters. In TN-C-S-Netzen wird der FI-Schalter hinter der Aufteilung des Nulleiters in Neutral- und Schutzleiter eingebaut. Die beiden Leiter dürfen ab dann nicht mehr miteinander verbunden werden. In TN-C-Netzen bei älteren Installationen sollte man den Schutzleiter in der gesamten Anlage nachinstallieren.

1 Wichtige Angaben über die Daten des FI-Schutzschalters

sind auf dem Leistungsschild angegeben: Der Nennfehlerstrom (für Bäder 0.03 A), der Nennstrom (z. B. 25A), das Nennschaltvermögen in Verbindung mit einer vorgeschalteten Sicherung ⊏▭ 6000 A), die Polzahl (zwei- oder vierpolig für Wechsel- oder Drehstromnetze), die Schutzart (hier IP30, je nach Installationsort).

Bei Gewitter kann der FI-Schutzschalter wegen Überspannung im Freileitungsnetz manchmal auslösen.

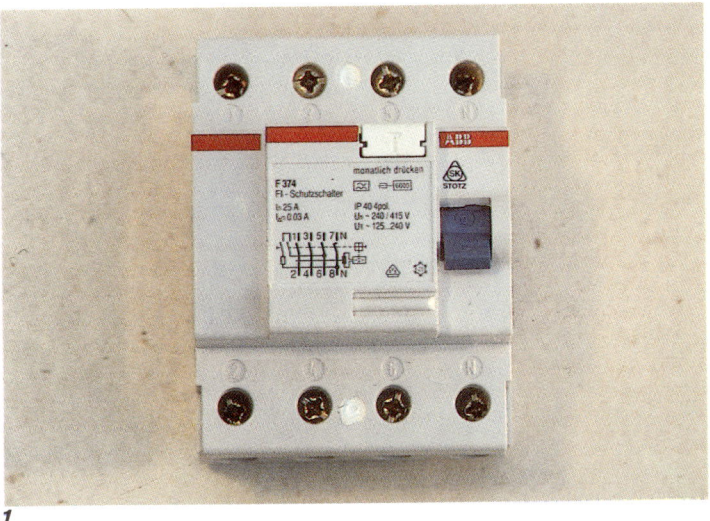

1

Schutzklassen

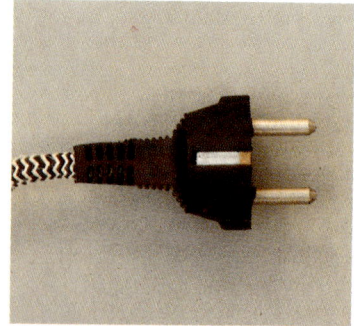

1

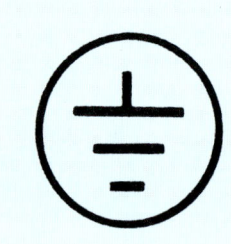

1a

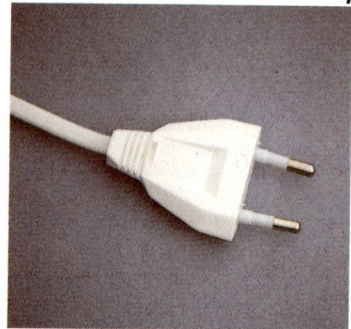

2

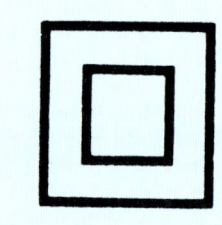

2a

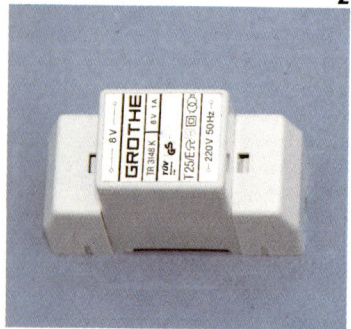

3

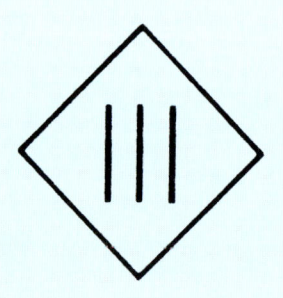

3a

Elektrische Geräte teilt man je nach Schutzmaßnahmen in folgende Klassen ein.

1-1a Bei Schutzklasse I sind leitfähige, berührbare Metallteile, also Metallgehäuse, mit dem Schutzleiter verbunden. Bei Körperschlüssen schalten die Sicherungen ab. Waschmaschinen sind Geräte mit Schutzklasse I. Sie muß man mit einem Schutzkontaktstecker anschließen.

2-2a Immer häufiger werden Geräte der Schutzklasse II, d. h. schutzisoliert hergestellt. Ihr Gehäuse ist aus Kunststoffen gefertigt. Sie haben keinen Schutzleiteranschluß und meist einen flachen Stecker, den Eurostekker. Radios oder Küchengeräte z. B. sind schutzisoliert. Als Zeichen dafür ist auf dem Typenschild ein doppeltes Quadrat angegeben.

3-3a Die Klingel und die Türsprechanlage werden mit einer Schutzkleinspannung betrieben. Das sind Spannungen bis 42 V. Sie werden mittels Transformatoren (hier Klingeltrafo) erzeugt. Sie sind für den Menschen ungefährlich. Die betriebenen Geräte haben die Schutzklasse III.

Bezeichnungen von Leitungen und Kabel

1 Den Transport des Stroms in der elektrischen Hausinstallation übernehmen Leitungen und Kabel. Als leitendes Material verwendet man ausschließlich Kupferdraht. Diese Drähte sind mit einer farbigen Kunststoffumhüllung versehen. Einen solchen Draht mit Isolierung nennt man Ader. Mehrere Adern kann man zusammenfassen und mit einer Gesamtummantelung versehen. Je nach Aufbau und Verwendungszweck heißen sie Leitungen oder Kabel.

Als Kabel verwendet man bei der Installation nur Erdkabel oder Kabel für Fernsprech- und Klingelanlagen.

Für die ortsfeste Verlegung werden Leitungen und Kabel mit massiven Drähten benutzt, da sie nur bei der Verlegung mechanisch beansprucht werden. Die Leiter der Leitungen für bewegliche Anschlüsse bestehen dagegen aus vielen dünnen Einzeldrähten. Flexible Leitungen verwendet man für ortsveränderliche Verbraucher, wie Lampenanschlüsse oder Anschlußleitungen für elektrische Maschinen und Geräte.

2 Im Drehstromnetz nennt man die stromführenden Phasen Außenleiter und bezeichnet sie mit L1, L2 und L3. Der gemeinsame stromrückführende Neutralleiter hat das Zeichen N und die hellblaue Kennfarbe. Bei Anschlüssen, bei denen kein Neutralleiter benötigt wird, wie bei Schalterinstallationen, kann man die hellblaue Ader auch für andere Zwecke verwenden. Schutzleiter (PE) und Nulleiter (PEN) sind stets grüngelb ge-

1

Leiter-bezeichnung	alpha-numerische Kennzeichn.	Bild-zeichen	Farbe
Außenleiter	L1, L2, L3	1)	
Mittelleiter	N		bl2)
Schutzleiter	PE	⏚	gnge3)4)
Nulleiter	PEN	⏚	gnge3)4)
Erde	E	⏚	1)

1) Farbe nicht festgelegt.
2) ist kein Mittelleiter vorhanden, kann der blaue Leiter (bl) auch für andere Zwecke – jedoch nicht als Schutzleiter – verwendet werden.

3.) Die Farbkennzeichnung grüngelb (gnge) darf für keinen anderen Leiter verwendet werden.
4) Gilt auch für Erdleitungen, wenn sie Schutzfunktion haben.

2

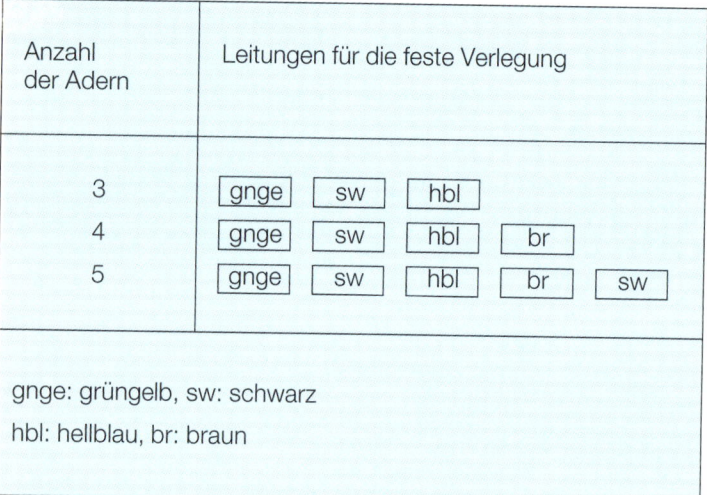

Anzahl der Adern	Leitungen für die feste Verlegung
3	gnge sw hbl
4	gnge sw hbl br
5	gnge sw hbl br sw

gnge: grüngelb, sw: schwarz

hbl: hellblau, br: braun

3

Anzahl der Adern	Leitungen für ortsveränderliche Verbraucher
2	br hbl
3	gnge br hbl

gnge: grüngelb, sw: schwarz

hbl: hellblau, br: braun

4

kennzeichnet. Dies gilt auch für Erdleitungen, wenn sie Schutzfunktion haben. Für die Außenleiter und Erdleiter ist sonst keine spezielle Farbe festgelegt.

3-4 Bei der festen Verlegung im Wechselspannungsnetz benutzt man die schwarze Ader als Außenleiter. Bei flexiblen Leitungen ist sie braun. Der Neutralleiter hat die hellblaue, der Schutzleiter immer die grüngelbe Farbe.

5 Leitungen und Kabel werden durch Kurzzeichen benannt. Daraus ist der Aufbau, der Verwendungszweck sowie die Aderzahl und der Leitungsquerschnitt zu erkennen.
Sogenannte harmonisierte Leitungen sind nach international vereinheitlichten Typenbezeichnungen benannt. Den Kurzzeichen steht immer ein H voran. Diese harmonisierten Leitungen erhalten den Aufdruck HAR.

6 In älteren Installationen vor 1970 ist der Außenleiter ebenfalls schwarz, der Neutralleiter jedoch grau und der Schutzleiter rot gekennzeichnet.
Leitungen mit diesen alten Leiterfarben dürfen für Neuinstalla-

Isolierte Leitungen: Typen-Kurzzeichen

Kennzeichnung der Bestimmung

H: harmonisierte Bestimmung
A: anerkannter nationaler Typ

Nennspannung U

03: 300/300 V
05: 300/500 V
07: 450/750 V

Isolierwerkstoff

V: PVC
R: Natur- und/oder synthetischer Kautschuk
S: Silikonkautschuk

Mantelwerkstoff

V: PVC
R: Natur- und/oder synthetischer Kautschuk
N: Chloroprenkautschuk
J: Glasfasergeflecht
T: Textilgeflecht

Besonderheiten im Aufbau

H: flache, aufteilbare Leitung
H2: flache, nicht aufteilbare Leitung

Leiterart

U: eindrähtig
R: mehrdrähtig
K: feindrähtig bei Leitungen für feste Verlegung
F: feindrähtig bei flexiblen Leitungen
H: feindrähtig
Y: Lahnlitze

Aderzahl

Schutzleiter

X: ohne Schutzleiter
G: mit Schutzleiter

Leiterquerschnitt

5

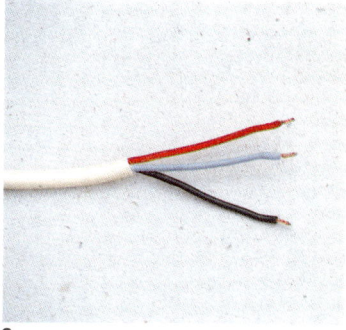

6

tionen nicht mehr verwendet werden. Bei Erweiterungen kann man aber die Leitung mit dem neuen Farbsystem mit der alten Anlage verbinden. Im TN-Netz muß man also grüngelb mit rot und blau mit grau verbinden, die beiden schwarzen Außenleiter ebenfalls. Ein grauer Nulleiter (PEN) müßte grüngelb weitergeführt werden.

Bei Leitungsquerschnitten unter 10mm² ist es jedoch notwendig, den Nulleiter der Altanlage in einen grüngelben Schutzleiter und einen hellblauen Neutralleiter aufzuteilen.

Verlassen Sie sich jedoch niemals auf die Farbkennzeichnung der vorhandenen Elektroinstallation. Überprüfen Sie immer die stromführende Ader mit dem Spannungsprüfer!

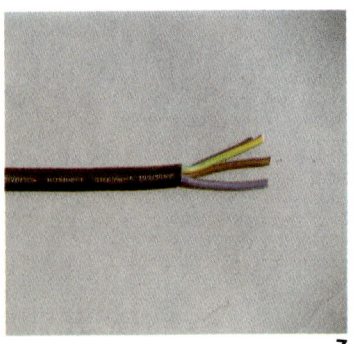

7

7 Eine Leitung mit der Bezeichnung HO5RR-F3G1,5 ist also eine harmonisierte Leitung mit einer Nennspannung von 300/500 V. Die Isolierhülle und der Mantel sind aus Natur- oder synthetischem Kautschuk, die Leitung ist flexibel mit feindrähtigem Leiter. Sie hat drei Adern, davon eine als Schutzleiter. Der Querschnitt des Leiters liegt bei 1,5 mm².

8 Bis jetzt ist nur ein Teil der Installationsleitungen harmonisiert. Der übrige Teil ist durch die alten Kurzzeichen beschrieben. Ist der erste Buchstabe des Kurzzeichens ein N, so handelt es sich um eine nationale Normleitung. Die wichtigsten Leitungen für die feste Verlegung gehören dazu.

Buchstabenkurzzeichen (Auszug)

Leitungen

F	=	feindrähtig, Fassungsader, Flachleitung
I	=	Imputzverlegung
(J)	=	Zusatz bei Mehraderleitungen mit grüngelb-farbenem Schutzleiter
M	=	Mantel, mittlere mechanische Beanspruchung
N	=	Normleitung
R	=	Rohrdraht
Y	=	Kunststoffisolierung

Kabel

N	=	Kabel nach Norm
YY	=	Kunststoffaußenmantel

8

Eine Feuchtraumleitung beispielsweise wird mit NYM-J (3x1,5) bezeichnet. Das ist eine Normleitung mit Kunststoffisolierung und Mantel mit drei Adern aus Kupfer. Der Querschnitt des Leiters beträgt jeweils 1,5 mm². Eine Ader ist als Schutzleiter gekennzeichnet.

Der Buchstabe J besagt, daß ein Schutzleiter mit grüngelber Kennzeichnung vorhanden ist. Ein O zeigt eine Mehraderleitung ohne grüngelben Schutzleiter an. Die Kurzzeichen für die wichtigsten Kabel sind angegeben. Die Schutzleiter-Kennzeichnung J und O gilt auch hier.

Sicherheitsvorschriften und Prüfzeichen

Wenn Sie mit elektrischem Strom arbeiten wollen, müssen Sie genaue Kenntnisse von den Zusammenhängen und Vorschriften haben. In der DIN-VDE-Bestimmung 0100 sind diese ausgeführt. Größere Installationsarbeiten sollten Sie erst nach Absprache mit einer Elektrofachkraft beginnen.

Elektrischer Strom ist unsichtbar. Erst durch die verschiedenen Wirkungen läßt sich feststellen, ob Strom fließt. Der menschliche Körper kann den Strom leiten, besonders in einer feuchten Umgebung.

Wechselströme über 0,05 A sind für den Menschen lebensgefährlich. Der Grad der Gefährdung hängt aber auch von der Zeitdauer der Stromeinwirkung ab. Bei einer Wechselspannung bis 50 V oder einer Gleichspannung bis 120 V ist meist noch keine Gefährdung gegeben.

Schutzmaßnahmen gegen das Berühren von stromführenden Teilen sind die Isolierung oder Abdeckung dieser Teile. Zusätzlich empfiehlt es sich auch, Fehlerstrom-Schutzschalter vorzuschalten.

Sicherheitsregeln

1. Vor Arbeiten an Elektrogeräten erst den Netzstecker ziehen.
2. Bei Installationsarbeiten immer erst die für den Stromkreis zugehörige Sicherung herausschrauben oder ausschalten.
3. Sorgen Sie dafür, daß andere Personen die entsprechende Sicherung nicht wiedereinschalten. Hängen Sie ein Hinweisschild auf oder nehmen Sie die Sicherungspatrone mit.
4. Vergewissern Sie sich durch Überprüfung, daß die Anlage spannungsfrei ist.
5. Verwenden Sie nur unbeschädigtes Installationsmaterial. Es muß den DIN-Normen und den Bestimmungen des VDE entsprechen.
6. Hände weg vom Hausanschluß, verplombten Zählern und Hauptsicherungen.
7. Führen Sie nur solche Elektroarbeiten aus, bei denen Sie sicher sind, daß Ihre Fachkenntnisse ausreichen!

1-2 Damit gewährleistet ist, daß die Schutzmaßnahmen auch wirksam sind, sollten nur Installationsmaterial und Geräte in elektrische Anlagen eingebaut werden, die das VDE-Prüfzeichen tragen. Dieses Zeichen sagt aus, daß das Material den DIN-Vorschriften und den

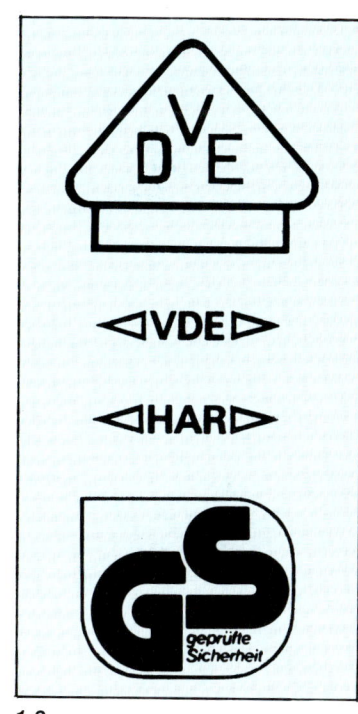

1-3

Bestimmungen des Verbandes Deutscher Elektrotechniker (VDE) entspricht.

3 Elektrogeräte sollten außerdem das GS-Zeichen für »Geprüfte Sicherheit« tragen.

Schutzarten für Trocken- und Feuchträume

Schutzart		Symbol
	Berührungsschutz	
IP 0X	Berührungsschutz nicht vorhanden	
IP 1X	Berührungsschutz gegen Fremdkörper größer als 50 mm Ø	
IP 2X	Berührungsschutz gegen Fremdkörper größer als 12 mm Ø	
IP 3X	Berührungsschutz gegen Fremdkörper größer als 2,5 mm Ø	
IP 4X	Berührungsschutz gegen Fremdkörper und Werkzeug größer als 1 mm Ø	
IP 5X	Schutz gegen Staubablagerung im Innern	
IP 6X	staubdicht	
	Wasserschutz	
IP X0	kein Wasserschutz	
IP X1	tropfwassergeschützt, senkrechter Tropfenfall	
IP X2	tropfwassergeschützt, schräg fallendes Tropfwasser	
IP X3	sprühwassergeschützt bis zu 30° über der Waagerechten	
IP X4	spritzwassergeschützt von allen Seiten	
IP X5	strahlwassergeschützt	
IP X6	Überflutungsschutz	
IP X7	Schutz beim Eintauchen	
IP X8	Schutz beim Untertauchen	... bar

Elektroinstallationen können in trockenen Wohnräumen oder auch im Freien ohne Überdachung verlegt sein. Auch Elektrogeräte werden in verschiedenen Umgebungen eingesetzt. Damit die Funktion der Geräte und Anlagen sowie die Sicherheit der damit hantierenden Personen gewährleistet ist, gelten strenge Richtlinien für den Schutz gegen das Eindringen von Fremdkörpern und Wasser.

Die Kennzeichnung der Schutzarten erfolgt durch Kurzzeichen. Diese bestehen aus den Buchstaben IP (engl. interelement protection), der ersten Kennziffer für den Berührungsschutz und der zweiten für den Wasserschutz. Die Tabelle zeigt die Einteilung und die Bildzeichen. Wird über eine der beiden Schutzarten keine Aussage gemacht, wird sie durch den Buchstaben »X« ersetzt, z. B. IP2X.

Installationen in trockenen Räumen beispielsweise müssen die Schutzart IP20 haben, für Garagen und Anlagen im Freien unter Dach ist IPX1 gefordert. Die Schutzart muß auch durch die Installation, wie z. B. beim Einführen der Leitungen, erhalten bleiben.

Installationszonen

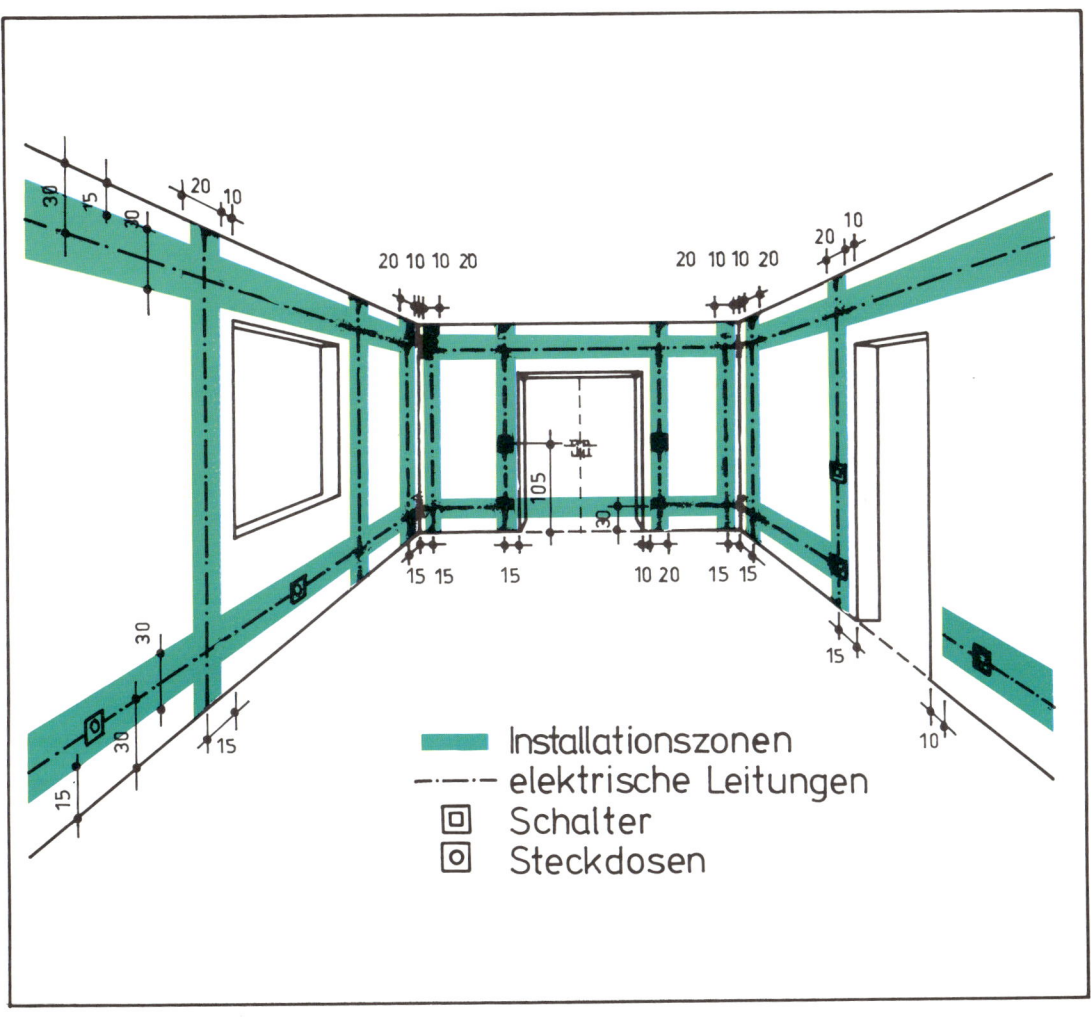

Installationszonen
elektrische Leitungen
Schalter
Steckdosen

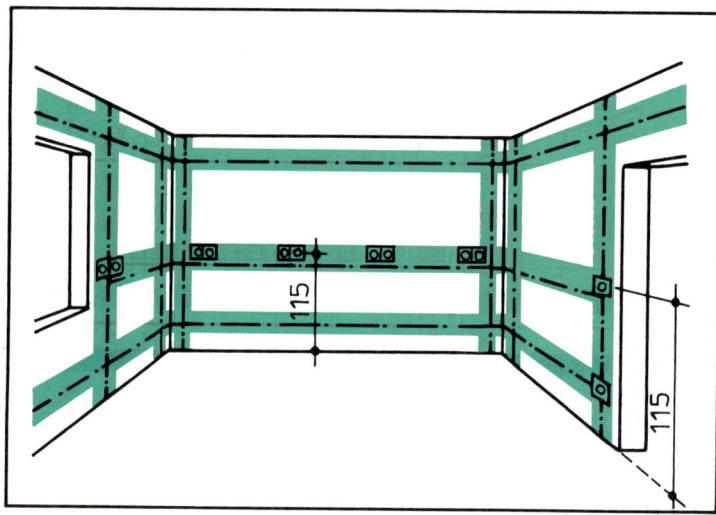

Installationszonen in der Küche

Die Leitungen werden bei der Im- und Unterputzverlegung nur senkrecht und waagrecht geführt. Damit wird die Gefahr eingeschränkt, beim Bohren von Dübellöchern oder Einschlagen von Nägeln Leitungen zu beschädigen. Geräte für die Elektroinstallation sollen in diesen festgelegten Zonen angeordnet sein. Die folgenden Regeln für die Anordnung von Leitungen, Steckdosen und Schaltern gelten nicht für sichtbar verlegte Leitungen bei Aufputzinstallationen und Installationen in Rohren und Kanälen.

Wände in Wohnräumen

Die waagrechten Zonen sind 30 cm breit. Waagrechte Leitungen sind im Mittel von Fußboden oder Decke 30 cm entfernt. Die senkrechten Zonen sind 20 cm breit. Die Leitungen sind im Mittel 15 cm von Zimmerecken, Türstöcken und Fensterkanten entfernt. Die Vorzugshöhe für Schalter ist auf 105 cm festgelegt worden. Bei Schalter- und Steckdosenkombinationen gilt diese Höhe für die Kombinationsmitte. Steckdosen sind 30 cm über dem Fußboden angeordnet.

Wände in Küchen

In Küchen und Arbeitsräumen gibt es eine weitere waagrechte Installationszone mit dem Vorzugsmaß von 115 cm für Steckdosen. Anschlüsse an Arbeitsplattenbeleuchtungen unter Hängeschränken werden in 135 cm Höhe angebracht, die für Dunstabzugshauben in 165 cm Höhe.

Dachausbau

Auch bei ausgebauten Dachräumen mit schrägen Wänden gelten die Maße für die Installationszonen. Die senkrechte Zone verläuft mit 20 cm Breite parallel zu den Raumecken, auch wenn diese schräg sind.

Decken und Fußböden

Für Fußböden und Deckenflächen sind keine Installationszonen festgelegt. Es ist aber ratsam, die Leitungen für Deckenleuchten von den Verteilerdosen aus parallel zu den Wänden zu führen.

Wandauslässe

Die Zuleitungen zu gesonderten Wandauslässen für Leuchten und Großgeräte wie Herde, Wasserboiler usw. werden senkrecht von der nächst gelegenen Zone aus geführt.

Installationen in Bädern

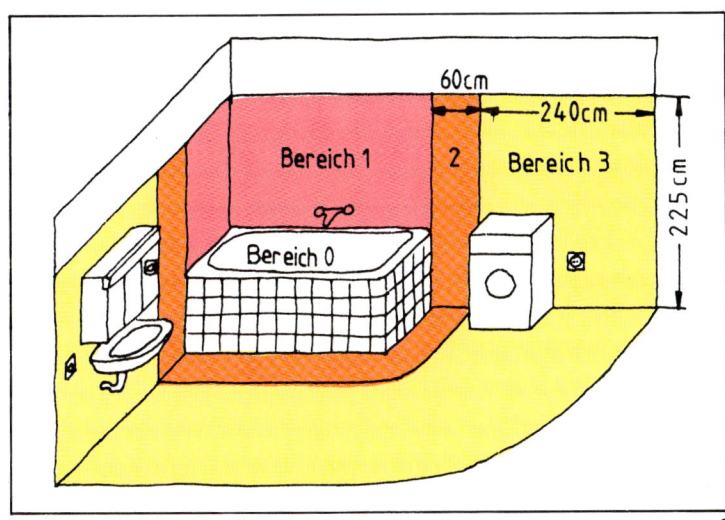

Bereich 1 | 2 | Bereich 3
60cm
240cm
225cm
Bereich 0

1

Die Unfallgefahr ist in Bädern erhöht, da sich wegen der vorhandenen Feuchtigkeit und der fehlenden Bekleidung der Widerstand der Menschen verringert. Deshalb müssen hier besondere Schutzmaßnahmen bei der Elektroinstallation beachtet werden. Diese gelten auch für alle anderen Räume mit Bade- oder Duschwannen.

Schutzbereiche

1 Die Räume werden in 4 Schutzbereiche eingeteilt:
– Der Bereich 0 umfaßt das Innere der Badewanne.

– Die Bereiche 1 bis 3 gelten vom Fußboden bis 225 cm Höhe. Der Raum direkt über der Wanne ist der Bereich 1; Bereich 2 gilt 60 cm in der Waagrechten ab der Wanne; Bereich 3 weitere 240 cm von Bereich 2 aus.

Die Schutzbereiche sind nur in den Räumen, in denen die Wannen stehen, also nicht in angrenzenden Räumen einzuhalten. Es gilt: je niedriger die Bereichszahl, desto strenger die Schutzbedingungen.

Für alle Bereiche gilt: Der Lichtschalter für die Gesamtbeleuch-

tung muß außerhalb des Raumes angebracht werden. Leitungen oder Kabel in andere Räume dürfen nicht durch Bäder oder Duschecken hindurchgeführt werden.

Werden in die Wände der Bereiche 0 bis 2 von der anderen Seite her Leitungen unter Putz verlegt, oder Wandeinbaugehäuse gesetzt, muß eine Restwandstärke von 6 cm verbleiben, um zu vermeiden, daß bei der Befestigung von metallenen Handgriffen oder Duschstangen Leitungen getroffen und damit die Griffe unter Spannung gesetzt werden.

Elektrische Installationen und Geräte

Nur im Bereich 3 sind Steckdosen zulässig, die mit einem Fehlerstrom-Schutzschalter abzusichern sind. Der maximale Fehlerstrom darf 0,03 A betragen.

Im Bereich 2 sind Steckdosen nicht zulässig, auch nicht in Spiegelschränken oder in Kombination mit einer Leuchte. Verteilerdosen dürfen hier nicht angebracht werden. Falls nötig kann man Kunststoff-Gerätedosen, das sind Abzweigschalterdosen mit zusätzlichem Einbauraum benutzen. Es dürfen nur

Schrank- und Spiegelleuchten, sowie ortsfeste Heißwasser- und Abluftgeräte und deren Schalter installiert werden.

Für den Bereich 1 gilt: Man darf nur festangebrachte Heißwasser- und Abluftgeräte und ihre Schalter installieren; Leuchten sind ebensowenig erlaubt wie Verbindungsdosen. Im Bereich 0 sind nur Geräte mit Schutzkleinspannung bis 12 V gestattet, die für die Verwendung in Badewannen geeignet sind.

Leitungen und ihre Verlegung

In den Zonen 0 bis 2 darf keine Leitung im oder unter Putz sowie hinter Wandverkleidungen verlegt werden. Leitungen zu den dort angebrachten elektrischen Verbrauchern müssen senkrecht von oben geführt werden. Der Anschluß der Geräte, die je nach Schutzbereich den IP-Schutzarten entsprechen müssen, erfolgt von hinten. Es sind nur Mantelleitungen (NYM) und Erdkabel (NYY) zulässig.

Bereiche	IP-Schutzarten
0	IP X7
1	IP X4
2	IP X2
3	IP X1

In der Zone 3 können auch Stegleitungen und Einzeladern in Kunststoffrohren verlegt werden. Bewegliche Duscheinrichtungen werden über feste Geräteanschlußdosen mit einer Gummischlauchleitung HO7RN-F angeschlossen.

Potentialausgleich

2 In Bädern muß ein örtlicher zusätzlicher Potentialausgleich durchgeführt werden. Der Potentialausgleichsleiter aus Kupfer, mit einem Mindestquerschnitt von 4 mm^2, muß mit dem Schutzleiter Verbindung haben. Dies kann durch den Anschluß an eine leitende Wasserverbrauchsleitung an der Hauptpotentialausgleichsschiene, oder an den Stromkreisverteiler der Wohnung hergestellt werden. Der Potentialausgleich muß die leitfähige Wanne, metallene Rohrleitungssysteme und den Ablaufstutzen, falls er aus Metall ist, miteinander verbinden. Bei Metallwannen sind spezielle Anschlußlaschen vorgesehen. Haltegriffe, Handtuchhalter und Metallrahmen von Duschhalterungen muß man nicht in den Potentialausgleich einbeziehen. Die Ausgleichsleitung wird grüngelb gekennzeichnet.

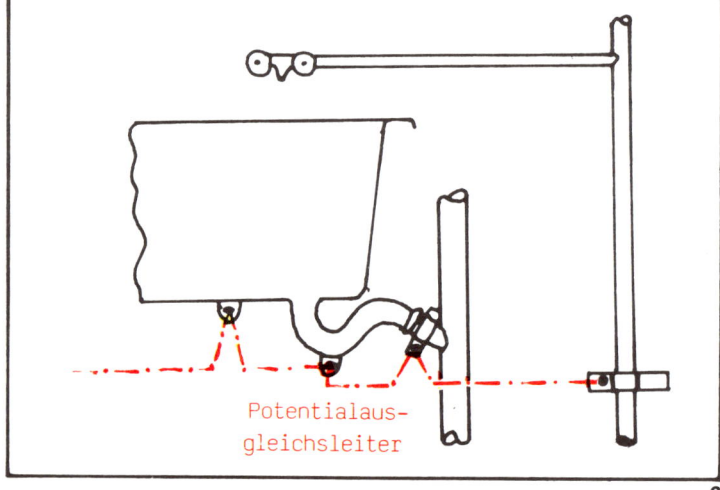

Potentialausgleichsleiter

2

Planung für die *Elektroinstallation*

1 Sie erleichtern sich die Planung und Durchführung aller Arbeiten an der Elektroinstallation, wenn Sie von der bestehenden Anlage einen Installationsplan erstellen. Veränderungen sollten Sie aber dort ebenfalls einzeichnen.

Kennzeichnen Sie dazu die Sicherungen aller Stromkreise mit Nummern. Zeichnen Sie in den Grundriß der Räume die größten Möbelstücke wie Schränke, Sitzgruppen und Betten lagerichtig ein.

Steckdosen, Schalter, Lampen und die Geräte werden in Form der entsprechenden Symbole eingetragen. Falls Sie die Leitungsführung, z. B. bei nachträglichen Änderungen kennen, zeichnen Sie diese ebenfalls mit ein. Kennzeichnen sie jede Verbrauchsstelle mit der jeweiligen Nummer der zugehörigen Sicherung.

Sie können diese herausfinden, indem Sie jede Sicherung nacheinander, aber jeweils nur eine, abschalten. Wenn Sie eine angeschaltete Leuchte in jede Steckdose angeschlossen haben, erkennen Sie sofort, welcher Stromkreis unterbrochen worden ist.

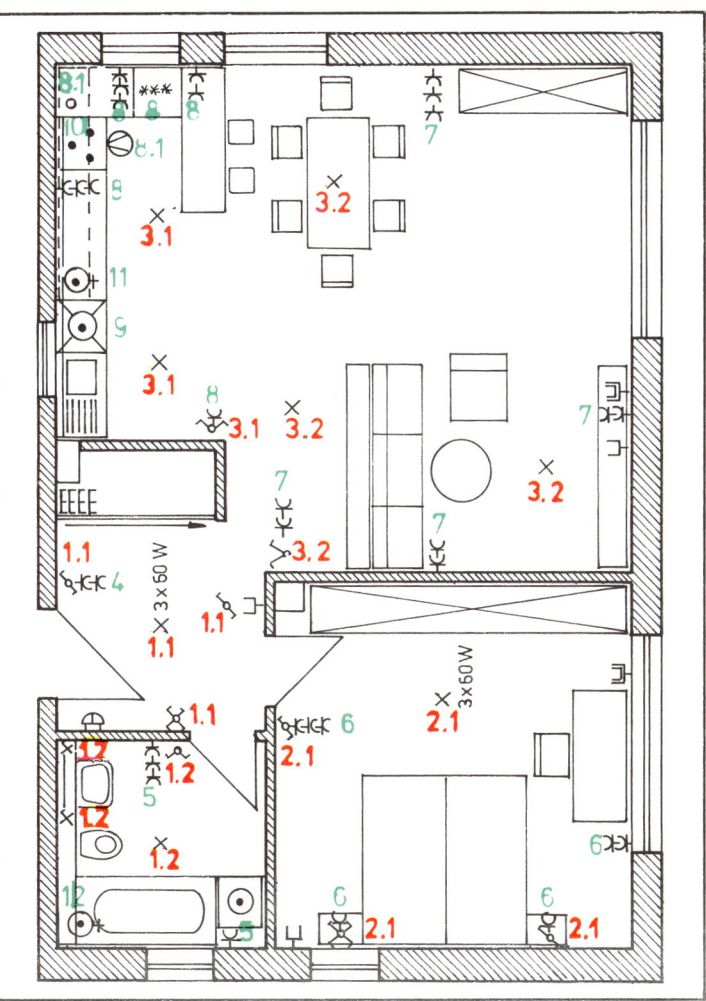

1

Symbol	Beschreibung	Symbol	Beschreibung	Symbol	Beschreibung
	Leiter, allgemein		Schutzkontaktsteckdose		Kühlgerät
	Leiter, bewegbar		Fernmeldesteckdose		Gefriergerät
	Leitung mit Kennzeichnung der Leiterzahl, z. B. 3 Leiter		Antennensteckdose		Elektroherd, allgemein
	Vereinfachte Darstellung		Schalter mit Kontrolllampe		Mikrowellenherd
	Leiterverbindung		Aus-Schalter einpolig		Backofen
	Abzweigdose, Darstellung falls erforderlich		Aus-Schalter zweipolig		Heißwasserspeicher
	Dose		Aus-Schalter dreipolig		Durchlauferhitzer
	PE- oder PEN-Leiter		Serienschalter einpolig		Waschmaschine
	Fernmeldeleitung		Wechselschalter einpolig		Wäschetrockner
	Rundfunkleitung		Kreuzschalter einpolig		Geschirrspülmaschine
	Leiter auf Putz		Zeitschalter		Lüfter
	Leiter im Putz		Taster		Gong
	Leiter unter Putz		Dimmer (Aus-Schalter)		Türöffner
	Leiter im Elektroinstallationsrohr		Stromstoßschalter		Antenne
	Sicherung		Leuchte allgemein		
	Fehlerstrom-Schutzschalter, vierpolig	5·60W	Leuchte m. Angabe der Lampenzahl u. Leistung z.B. 5 Lampen je 60 W		
			Leuchte mit Schalter		

COMPACT PRAXIS
»do it yourself«

Jeder Band mit 120 Seiten, nur 19,80

Anwenderfreundliche Komplettanleitungen für alle wichtigen Heimwerkerarbeiten – jeder Band mit über 300 Abbildungen. Übersichtliche Symbole für Schwierigkeitsgrad, Zeitaufwand, Ersparnis und Werkzeuge – moderne Profitechniken für jedermann.

Compact Verlag GmbH
Züricher Straße 29
8000 München 71
Telefon 089/7 59 10 15
Telefax 75 60 95

Die wichtigsten Werkzeuge

Auf diesen beiden Seiten finden Sie Kurzbeschreibungen der wichtigsten Werkzeuge, die Sie benötigen, um selbst Elektroinstallationen einzubauen. Welche Werkzeuge Sie für einzelne Arbeitsgänge und -anleitungen brauchen, ersehen Sie aus den Abbildungen unter der Rubrik »Werkzeuge«, die Sie bei allen Arbeitsanleitungen finden.

Werkzeuge für elektrische Verbindungen

1

1. Phasenprüfer: Einfaches und preisgünstiges Prüfgerät in Schraubenzieherform. Im Griff ist eine Glimmlampe integriert. Zum Anzeigen der stromführenden Phase.

2

2. Schlitzschraubendreher: Benötigt man zum Festdrehen und Lösen von Schrauben bei Schraubklemmen und Doseneinsätzen. Die Schlitzbreite sollte auf die Größe des Schraubenkopfes abgestimmt werden. Besonders geeignet sind isolierte Schraubendreher mit kunststoffummantelter Klinge.

3

3. Seitenschneider: Wichtiges Werkzeug zum Ablängen von Leitungen, Kabeln und Drähten. Achten Sie auf eine stabile Ausführung.

4

4. Abisolierzange: Zum schnellen und schonenden Entfernen der Schutzisolierung an Adern. Verstellbar für verschiedene Leiterdurchmesser.

5

5. Kombizange: Sie ist hilfreich, um verbogene Aderenden geradezubiegen. Mit der Schneide können auch Leitungen und Drähte abgezwickt werden.

6

6. Universalmesser: Verwenden Sie es zum Abmanteln von starren und flexiblen Leitungen. Auch zum Kürzen und Entgraten von Installationsrohren.

7

7. Telefonzange: Mit geraden oder gebogenen ovalen, spitz zulaufenden Backen. Gut geeignet zum Fassen von Leitern in tiefen Schalterdosen.

8

8. Aderendhülsenzange: Mit ihr werden die Aderendhülsen bei flexiblen Leitungen festgequetscht.

9

9. Taschenlampe: Unentbehrlich, wenn bei Installationsarbeiten der Strom abgeschaltet werden muß.

Werkzeuge für die Verlegung

10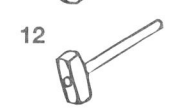

10. Bleistift: Zum Anzeichnen und Markieren.

11

11. Meißel: Für Stemmarbeiten in Steinwänden. Benützen Sie einen aufsteckbaren Gummigriff als Handschutz.

12

12. Fäustel: Schwerer Hammer (1500 Gramm) für Stemmarbeiten.

13. Schutzbrille: Unbedingt bei Stemmarbeiten zu tragen. Schützt Ihre Augen vor abspringenden Mauerbrocken.

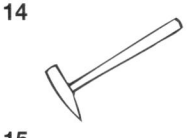

14. Hammer: Dient zum Einschlagen von Stahlnägeln bei der Verlegung von Stegleitungen.

15. Malerspachtel: Zum Anrühren und Verarbeiten des Gipsbreis.

16. Gipsbecher: Flexibler Gummibrecher zum Anrühren von Gips. Hartgewordene Reste können durch Verformen entfernt werden.

17. Pinsel: Geeignet zum Vornässen von Mauerstellen vor dem Aufbringen des Gipsbreis.

18. Lochsäge: Besonders geeignet zum Sägen von runden Löchern in Holz- oder Gipskartonwänden.

19. Dosenfräser: Zeitsparender Bohrmaschinenaufsatz zum Ausfräsen von Dosenlöchern in Leichtbausteinen und Lochziegelwänden. Wird auch in speziellen Ausführungen zum Schlagbohren angeboten.

20. Stichsäge: Sie ist hilfreich, eckige Ausschnitte in Holz- und Gipskartonwände zu schneiden.

21. Bügelsäge: Sie brauchen sie zum Ablängen von Installationsrohren und dicken Mantelleitungen. Sollte mit einem feinzahnigen Metallsägeblatt bestückt sein.

22. Wasserwaage: Zur waagerechten und senkrechten Ausrichtung von Installationskanälen und Doseneinsätzen.

23. Schlagschnur: Bestäubt mit Farbpulver Wände zum Markieren langer gerader Linien.

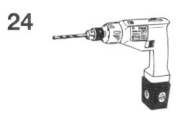

24. Akkuschrauber: Nützlich zum Eindrehen von Schrauben bei der Aufputzverlegung. Mit verschiedenen Biteinsätzen.

Universalwerkzeuge

25. Zollstock: Zum Ausmessen von Leitungen und Rohren.

26. Bohrmaschine: Sie verwenden sie zum Dübelsetzen bei Aufputzverlegungen. In Verbindung mit Dosenfräsern ersparen Sie sich die anstrengenden Stemmarbeiten für Unterputzdosen.

Unterputzgeräte

In modernen Wohnungen sind durchwegs Unterputzgeräte eingebaut. Für Neubauten sind sie in Wohnräumen Vorschrift.

1 Als Installationsgeräte werden u.a. Steckdosen, (Aus-, Serien-, Wechsel-, Kreuz-)Schalter, Kontrollschalter, beleuchtete und unbeleuchtete Taster sowie Dimmer angeboten. Mittels Abdeckrahmen sind Kombinationen mit bis zu fünf Geräten möglich.

In offene Schalterwippen können Sie verschiedene Symbole einsetzen. Dies erhöht gerade bei Mehrfachkombinationen die Übersichtlichkeit.

2 Auf die elektrisch angeschlossenen Einsätze können Kunststoff-Abdeckrahmen und Steckdosenabdeckungen oder Schalterwippen befestigt werden.

3 Für Feuchtrauminstallationen werden spezielle Abdeckrahmen mit Dichtungseinlagen gefertigt. Schalterwippen sind mit Dichtungsringen ausgerüstet, Steckdoseneinsätze mit Klappdeckel geschützt. Damit wird die Schutzart IP44 erreicht.

Unterputzdosen

In der modernen Hausinstallation werden Schalter und Steckdosen unter Putz gelegt. Dazu müssen in der Wand sogenannte Unterputzdosen eingesetzt werden, die die Installationsgeräte aufnehmen.

1 Links eine einfache Gerätedose, auch Schalterdose genannt. Schalter oder Steckdosen werden dort eingeklemmt oder angeschraubt. Sie darf jedoch nicht zum Verbinden von Leitungen benutzt werden.
Geräteverbindungsdosen (auch Geräteabzweigdosen oder Abzweigschalterdosen) haben einen zusätzlichen Verteilerraum. Sie sind in runder oder eckiger Ausführung erhältlich. Es können also Installationsgeräte montiert und zusätzlich Leitungen verbunden werden.
Dadurch sind zusätzliche Verteilerdosen überflüssig. Außerdem kann nach Herausnahme des Schalters oder der Steckdose die elektrische Anlage ohne Beschädigung der Tapete dort verändert werden. Die Anzahl der je Dose erlaubten Klemmen und Leiter ist begrenzt und in der Dose vermerkt. Damit soll eine zu große Erwärmung vermieden werden. Es dürfen nur

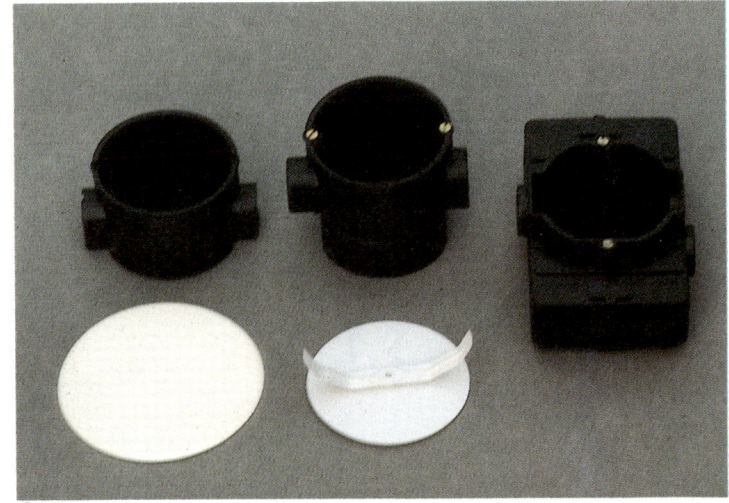

1

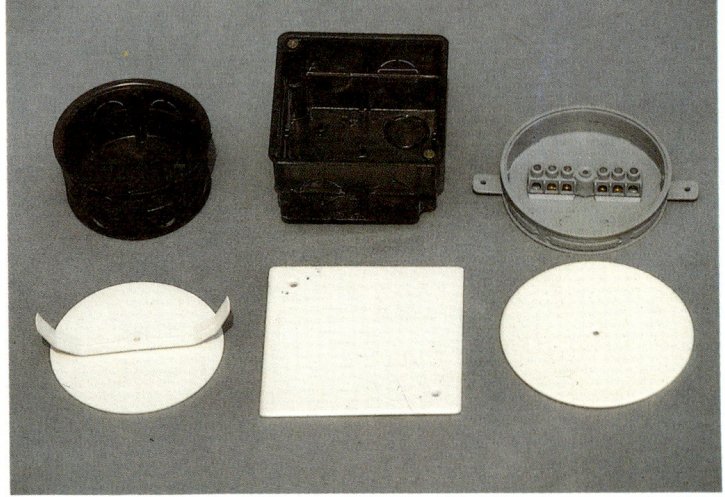

2

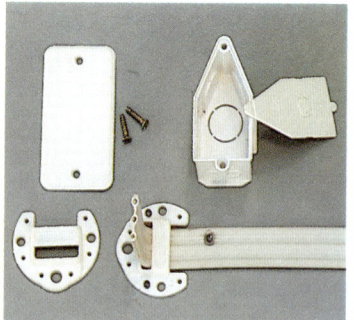

3

6

4

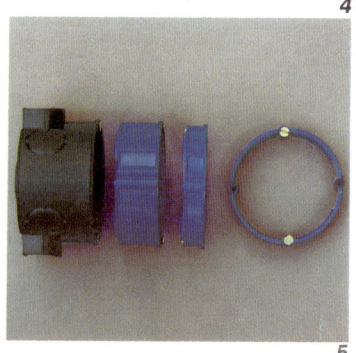

5

neelen oder ähnliches überdeckt werden.

3 Für Wandlampenanschlüsse wurden früher Leitungen aus der Wand herausgeführt. Heute ist der Einbau von Wandauslaßdosen vorgeschrieben. Darin werden die Leuchtenanschlußleitungen mit Hilfe von Lüsterklemmen mit der festen Installationsleitung verbunden. Damit bei der Stegleitungsverlegung an Deckenauslässen der Putz nicht abbröckelt, verwendet man spezielle Deckenauslaßtüllen. Auch Modelle mit integrierten Deckenhaken sind erhältlich.

4 Für Leitungsquerschnitte ab 4 mm² müssen Abzweig- oder Geräteabzweigdosen mit fixierten Verbindungsklemmen eingebaut werden.

5 Unterputzdosen müssen putzbündig eingesetzt werden. Liegen sie zu tief, sind aufschraubbare Putzausgleichsringe in verschiedenen Höhen eine Hilfe.

6 Um das bündige Einputzen der Dosen zu erleichtern und das nachträgliche Säubern von Leitern und Dosen zu ersparen, werden Putzdeckel aufgesetzt.

Leiter mit einem Querschnitt von 1,5 oder 2,5 mm² verwendet werden. Nicht benutzte Schalterdosen verschließt man mit Feder- oder Schraubdeckeln.

2 Bei der klassischen Installationsform verwendet man zur Leitungsverbindung Installationsdosen. Diese Abzweig- bzw. Verteilerdosen sind in runder oder eckiger Ausführung erhältlich. Auch in Verteilerdosen ist die zulässige Klemmen- und Leiterzahl angegeben. Für die Stegleitungsverlegung gibt es spezielle Stegleitungsabzweigdosen mit einer Tiefe von nur 12 mm. Abzweigdosen verschließt man mit einem Feder- oder Schraubdeckel. Diese dürfen übertapeziert, aber nicht durch Gipskartonplatten, Pa-

Installation in Hohlwänden

Für die wandbündige Installation in Hohlwänden gibt es spezielle Einbaudosen. Diese sind aus schwer entflammbarem Material und mit dem Zeichen ⬡ gekennzeichnet. Sie werden bei der verdeckten Installation in Einbauwänden aus Gipskarton, Holzpaneelen und anderen Wandplatten verwendet. Die Plattenstärke darf zwischen 0,7 und 3,5 cm betragen.

1 Hohlwandschalterdosen sind in verschiedenen Tiefen erhältlich. Schalterdosen sowie Abzweigschalterdosen mit Klemmraum haben einen Außendurchmesser von 68 mm. Für zwei Gerätesätze können Doppelschalterdosen verwendet werden. Mehrere Schalterdosen sind mit einem einsteckbaren Leitungsübergang koppelbar.

2 Hohlwandabzweigdosen sind in runder und eckiger Form erhältlich. Die begrenzte Zahl der Klemmen und Leiter ist am Dosenboden angegeben. Als Verschluß werden Schraubdeckel in der entsprechenden Größe und Form benutzt. Wandauslaßdosen für die Hohlwandinstallation sind ebenfalls im Handel erhältlich.

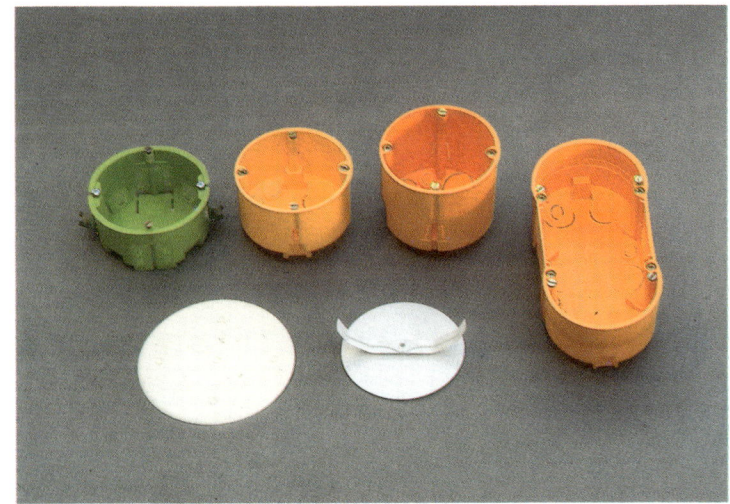

1

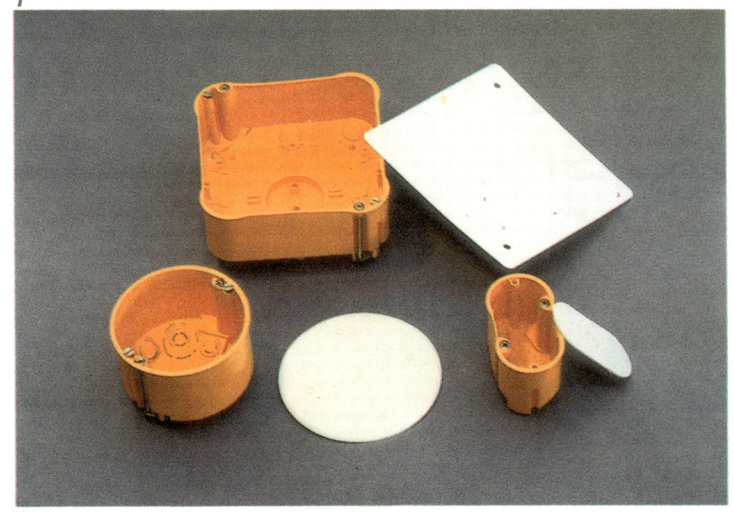

2

Aufputzinstallation in Trockenräumen

1

Neuinstallationen in Wohnräumen werden als Unterputzinstallationen ausgeführt.

1 Bei der Nachinstallation in **trockenen Räumen** ist die Aufputzverlegung mit Geräten für trockene Räume erlaubt. Wenn Sie in Dach- oder beheiz- und belüftbaren Kellerräumen keine Stemmarbeiten ausführen wollen, können Sie diese Aufputzinstallationsgeräte verwenden. Es gibt Steckdosen, verschiedene Schalter und Kombinationen davon.

Die Leitungsverbindung wird in Abzweigdosen mit meist fixierten Klemmen durchgeführt. Als Leitungen befestigt man Mantelleitungen direkt mit Nagelschellen oder verlegt sie in Elektrokanälen. Leitungs- oder Kanaleinführungen verdecken den Übergang in das Steckdosen- oder Schaltergehäuse.

Auf brennbaren Untergründen wie Holz muß man die nach unten offenen Steckdosen und Schalter auf speziellen Bodenplatten befestigen. Diese sind aus schwer entflammbarem Material und dienen als Brandschutz.

Feuchtraum-Installation

Feuchtrauminstallationen
sind in Räumen in denen Feuchtigkeit auftritt erforderlich, so z. B. bei Außenwänden, Waschküchen und Garagen. Die Aufputzfeuchtrauminstallation wendet man überall dort an, wo auf eine verdeckte Leitungsführung kein Wert gelegt wird oder nicht möglich ist. In trockenen Kellern ist sie zwar nicht nötig, aber zulässig und wegen der einfachen Montage praktisch.

1 Steckdosen, verschiedene Schalter, auch beleuchtet und Kombinationen (hier Doppelsteckdose) sind im Handel erhältlich. Sie werden meistens in den Schutzarten IP44, IP54 (spritzwassergeschützt) oder IP66 (überflutungsgeschützt) hergestellt.

2 Die Leitungen werden im Inneren von Abzweigkästen oder durch Verbindungsmuffen verbunden. Die maximale Zahl der Leiter und Klemmen für die erlaubten Leiterquerschnitte ist angegeben. Die Schutzart richtet sich nach den verwendeten Anbaustutzen für die Leitungseinführung. Abzweigkästen werden den durch Klemm- oder Schraubdeckel verschlossen.

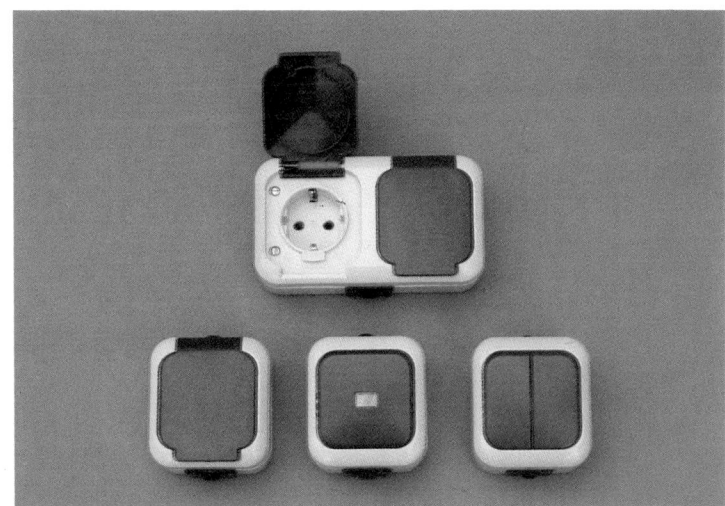

1

2

Leitungen und Kabel

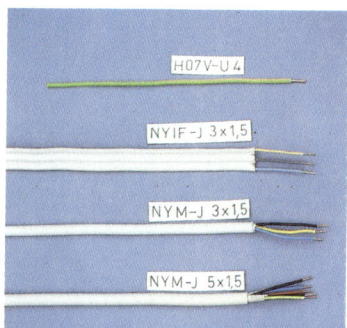

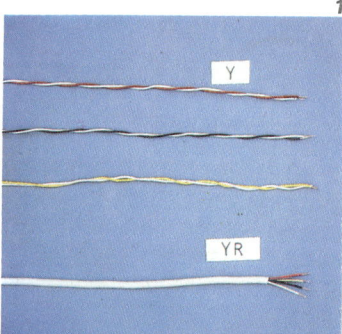

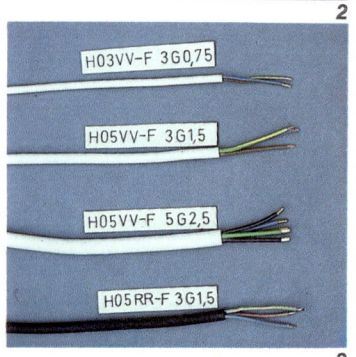

Feste Verlegung

1 Die am meisten verwendeten Starkstromleitungen für die feste Verlegung sind die Ader-, die Steg- und die Mantelleitungen.

2 Für Signal- und Fernmeldeanlagen werden meistens entweder Klingeldrähte oder Mantelleitungen mit einem geringen Durchmesser verwendet. In der Tabelle Seite 45 ist der Anwendungsbereich der verschiedenen Leitungen aufgelistet. Die Aderzahl und der Leiternennquerschnitt richtet sich nach dem Verwendungszweck. Nennquerschnitt und Drahtdurchmesser stehen dabei in folgendem Verhältnis:

Nennquer-schnitt in mm^2	Drahtdurch-messer in mm
1,5	1,4
2,5	1,8
4	2,3
6	2,8
10	3,6

Starkstromleitungen für die feste Verlegung müssen einen Mindestquerschnitt von 1,5 mm^2 aufweisen. Falls der Leiterquerschnitt nicht bekannt ist, kann man den Kupferdrahtdurchmesser des Leiters mit einer Schieblehre messen und den entsprechenden Querschnitt der Tabelle entnehmen.

Flexible Leitungen

3 Flexible Leitungen und ihre Anwendungen sind in der Tabelle Seite 46 aufgeführt. Bewegliche Leitungen mit einem Querschnitt von 0,5 mm^2 sind nur für den Anschluß von elektrischen Geräten bis 2,5A Stromaufnahme bestimmt. Die Anschlußleitung darf nicht länger als 2 m sein. Für Verbraucher bis 10A Stromaufnahme (z. B. Steh- oder Tischlampen) sind flexible Leitungen mit einem Mindestquerschnitt von 0,75 mm^2 geeignet. Mehrfachsteckdosen und Geräte über 10A bis 16A Stromaufnahme (z. B. Heizgeräte oder Waschmaschinen) werden mit einem Mindestquerschnitt von 1,0 mm^2 angeschlossen. Solche flexible Leitungen, die für mittlere und erhöhte mechanische Beanspruchungen geeignet sind, dürfen ab einem Leiterquerschnitt von 1,5 mm^2 auch fest verlegt werden.

Leitungen für die feste Verlegung

Bezeichnung	Ader-zahl	Querschnitt in mm²	Anwendungsbereich
Starkstromleitungen: PVC-Aderleitung HO7V-U HO7V-R HO7V-K	1	1,5–6 1,5–6 6–400 1,5–240	In trockenen Räumen in Rohren auf und unter Putz; in geschlossenen Kanälen; in Baderäumen nicht in den Bereichen 0,1,2.
Stegleitung NYIF	2–3 4–5	1,5–4 1,5–2,5	In trockenen Räumen in und unter Putz, in Baderäumen nicht in den Bereichen 0,1,2; nicht zulässig in Holzhäusern; unter Gipskarton nur, wenn diese nicht angeschraubt oder genagelt werden.
Mantelleitung NYM	1 2–3 4 5	1,6–16 1,5–10 1,5–35 1,5–16	In trockenen, feuchten und nassen Räumen sowie im Freien. Nicht im Erdboden. In Beton nur, wenn dieser nicht gerüttelt oder gestampft wird; über, auf, in und unter Putz.
Erdkabel NYY	1 2 3–4 5	4–500 1,5–25 1,5–300 1,5–16	In Innenräumen, im Freien, in Erde, wenn keine nachträgliche Beschädigung zu erwarten ist, mindestens 0,6 m unter der Erdoberfläche, in Wasser.
Fernmeldeleitungen: Klingeldrähte Y	2–5	0,6–0,8 ⌀	In trockenen Räumen im Rohr auf und unter Putz; offene Verlegung auf Putz.
Klingelleitung YR	2–8 2–16	0,6 ⌀ 0,8 ⌀	In trockenen und feuchten Räumen, im Freien, auf und unter Putz.

Flexible Leitungen

Bezeichnung	Ader-zahl	Querschnitt in mm²	Anwendungsbereich
Zwillingsleitung HO3VH-H	2	0,5/0,75	In trockenen Räumen bei sehr geringer mechanischer Beanspruchung für leichte Handgeräte, z. B. Radiogeräte; nicht für Wärmegeräte.
PVC-Schlauchltg. HO3VV-F	2–4	0,5/0,75	In trockenen Räumen bei geringer mechanischer Beanspruchung für leichte Handgeräte, z. B. Standleuchten; nicht für Wärmegeräte.
PVC-Schlauchltg. HO5VV-F	2–7	0,75–2,5	In trockenen Räumen bei mittlerer mechanischer Beanspruchung, für Haus- und Küchengeräte auch in feuchten Räumen (z. B. Waschmaschinen), feste Verlegung in Möbeln; nicht im Freien.
Gummischlauchltg. HO5RR-F	2–5	0,75–2,5	Für leichte mechanische Beanspruchung für leichte Hand- und Wärmegeräte; nicht ständig im Freien.
Gummischlauchltg. HO5RN-F	2–4	0,75–1,5	wie HO5RR-F, jedoch auch für Verwendung im Freien, z. B. für Gartengeräte.
Gummischlauchltg. HO7RN-F	2–7	1–300	Bei mittlerer mechanischer Beanspruchung in allen Bereichen, auch für feste Verlegung.

Befestigungsmittel

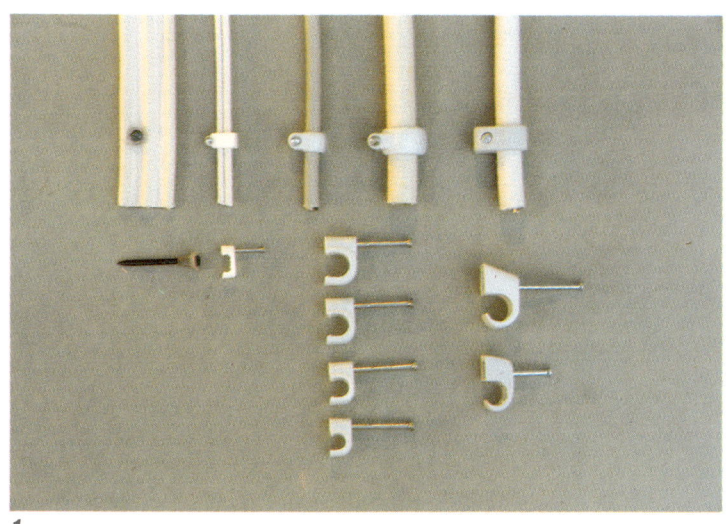

1

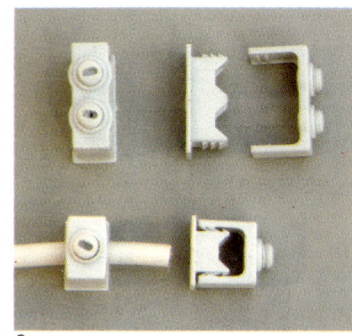

2

3

1 Auf ebenen Holz- oder Steinwänden können Nagelschellen
zum Verlegen von Mantelleitungen verwendet werden.
Krallenschellen klemmen Leitungen mit Außendurchmessern im
Bereich von 3-5, 5-7, 7-11, 10-
13,5 mm und größer. Durch die
Krallen werden die Leitungen
verrutschfest gehalten und können straff geführt werden. Rund-
schellen gibt es für Durchmesser von 5, 6, 7, 8, 9, 10, 12 mm
und größer.
Vierkantschellen sind für Zwil-
lingsleitungen wie z. B. Laut-
sprecherkabel geeignet.

Stegleitungen werden mit
Imputz-Stahlnägeln befestigt.
Die Köpfe der Nägel sind mit
Hartpapierscheiben oder Kunst-
stoffkappen isoliert.

2 Wenn bei Betonwänden keine
Nägel eingeschlagen werden
können oder die Nägel im
schlechten Mauerwerk nicht halten, werden Abstandschellen
angeklebt oder angedübelt. Je
nach Ausführung können eine,
zwei oder drei Mantelleitungen
festgeklemmt werden. Die Ober-
teile werden auf die befestigten
Unterteile aufgedrückt oder seit-

lich aufgeschoben. Oft ist eine
Klemmschraube vorgesehen, mit
der die Leitung unverrückbar
fixiert wird. Abstandschellen
werden in feuchten und nassen
Räumen benutzt.

3 In Zwischendecken können
Mantelleitungen mit ange-
schraubten Kabelbügeln befestigt werden.

Elektrorohre und -kanäle

AS = für schwere mechanische Beanspruchung,
    Auf-, Im- oder Unterputzverlegung

A = für mittelschwere mechanische Beanspruchung,
    Auf-, Im- oder Unterputzverlegung

B = für leichte mechanische Beanspruchung,
    Im- oder Unterputzverlegung

C = Isolierstoffrohr

F = flammwidrig,
    Verlegung in Hohlwänden

105 = Isolierstoffrohr bis 105°C

Elektrorohre werden überall dort verlegt, wo nachträgliche Änderungen in der Elektroinstallation ermöglicht werden sollen. Die Rohre werden in den Nenngrößen 9, 11, 13,5, 16, 23 und größer angeboten.

Die aufgedruckten oder eingeprägten Buchstabenkombinationen geben Auskunft über die Festigkeit und sonstigen Eigenschaften der Rohre (vgl. Tab.).

1 Für die Unterputzinstallation verwendet man überwiegend flexible Rohre. Die Verlegung ist einfach und zeitsparend, da Bögen leicht geformt werden können. Flexible Rohre sind in Ringen von 25 oder 50 m Länge im Handel. Die weißen oder hellgrauen gerillten Isolierrohre (BCF) sind aus flammwidrigem Materi-

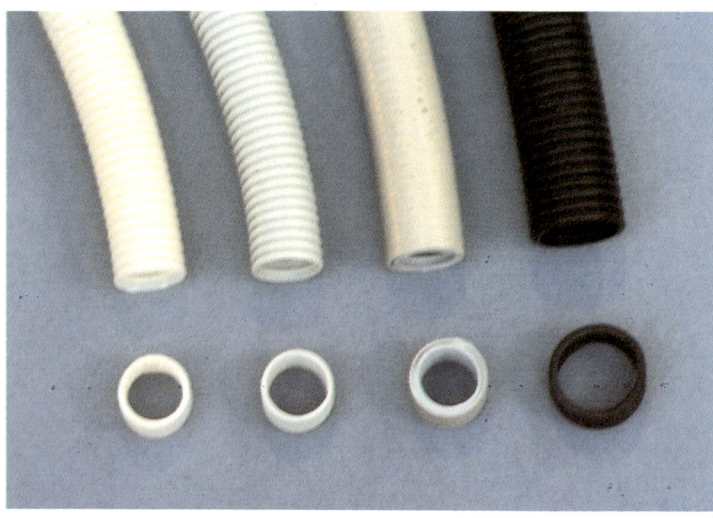

1

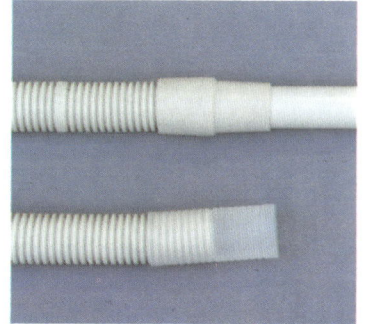

2

al. Sie sind auch für den Einbau in Hohlwände geeignet. Bei Kunststoffpanzerrohren (AS-C-F) liegt über dem gerillten Rohr ein glatter Schutzmantel. Sie sind besonders stabil und können auch im Erdreich und in Stampfbeton verlegt werden.
Die schwarzen Fertigbaurohre (BC105) eignen sich zur Verlegung im Erdreich und in Beton, wenn dieser nicht festgestampft wird.

2 Zur Verbindung von zwei flexiblen Rohren gleichen Durchmessers dienen Kunststoffmuffen. Übergangsmuffen ermöglichen eine Verbindung von einem flexiblen Rohr mit einem Stangenrohr gleicher Nenngröße.

3 Stangenrohre finden hauptsächlich bei der Aufputzmontage Anwendung. Sie sind aus grauem Hart-PVC gefertigt und in Stangen von 3 m Länge mit angeformten Muffen im Handel. Als Zubehör sind Steckmuffen und 90° Steckbögen erhältlich.

4 Die Rohre können je nach Verlegeart mit unterschiedlichen Schellen befestigt werden. Für die Unterputz- und der Aufputz-

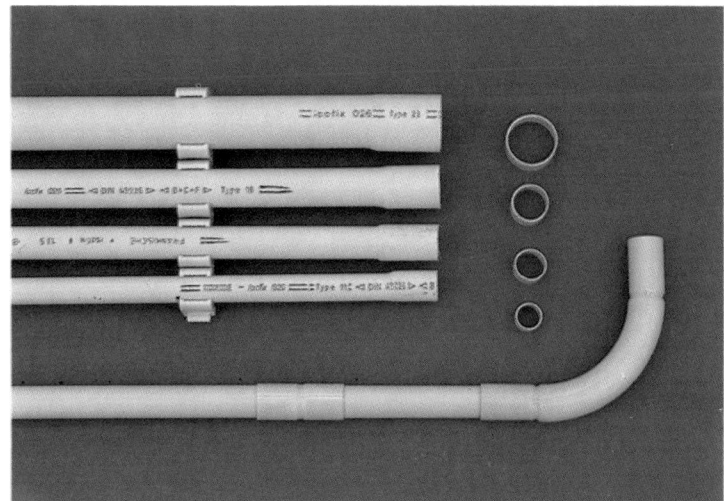

3

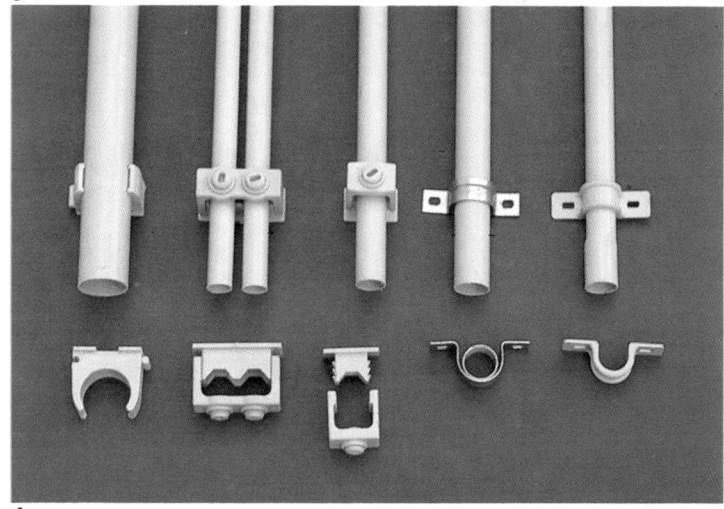

4

verlegung an glatten Wänden eignen sich einfache Kunststoff- oder Metallschellen am besten. Für Feuchtrauminstallationen werden Abstandschellen für ein, zwei oder drei Rohre benutzt. Besonders praktisch sind Schnappschellen. Ihr Spannbereich ist auf den Rohrdurchmesser abgestimmt.

5 Kanalinstallationen sind dort von Bedeutung, wo große Leitungsbündel verlegt werden, beispielsweise im Hausanschlußraum. Auch können Änderungen leicht vorgenommen werden. Insbesondere bei der nachträglichen Installation in Altbauten erspart die Kanalinstallation große Stemmarbeiten.

Die Kanäle sind in 2 m Länge und in den Farben weiß, grau und braun erhältlich. Je nach Anzahl der zu verlegenden Leitungen und den optischen Ansprüchen am Montageort kann man unterschiedliche Querschnitte wählen. Die Kanäle werden üblicherweise angeschraubt, kleine Kanäle können auch geklebt werden. Für die Verlegung von Schwachstrom- und Starkstromleitungen gibt es Kanäle, die mit Trennstegen ausgerüstet sind.

Als Zubehör werden Halteklammern und Endstücke, bei einigen Modellen auch Innen- und Außenecken angeboten.

Spezielle Kanäle sind neben der Leitungsführung auch für den Geräteeinbau geeignet.

Installationskanäle sollten nicht in Feuchträumen montiert werden, da sich im Kanal Kondenswasser ansammeln kann.

5

Verbindungsklemmen

In Abzweigdosen und -kästen werden die einzelnen Leiteradern miteinander verbunden. Bis zu einem Querschnitt von 2,5 mm² müssen diese Verbindungen nicht in den Dosen oder Kästen fixiert werden. Es gibt als Verbindungsmittel Vierkant-Dosenklemmen und schraublose Steckklemmen.

Schraubklemmen
1 Je nach Anzahl und Durchmesser der Leiter sind die Dosenklemmen in unterschiedlichen Größen erhältlich. Durch die Wahl der entsprechenden Farbe kann die Übersichtlichkeit erhöht werden. Dosenklemmen sind als Stangen im Handel, von denen man die Einzelklemmen mühelos abtrennt.

Steckklemmen
2 Zeitsparender und sicherer bei der Montage sind die modernen Steckklemmen. Sie sind nur für starre Leiter verwendbar. Die hellgrauen Klemmen werden bei Leitern mit Querschnitten von 0,75–1,5 mm² eingesetzt, die dunkelgrauen für Leiter mit 1,0–2,5 mm². Diese Steckklemmen verbinden je nach Ausführung zwei, drei, vier, fünf oder acht Leiter.

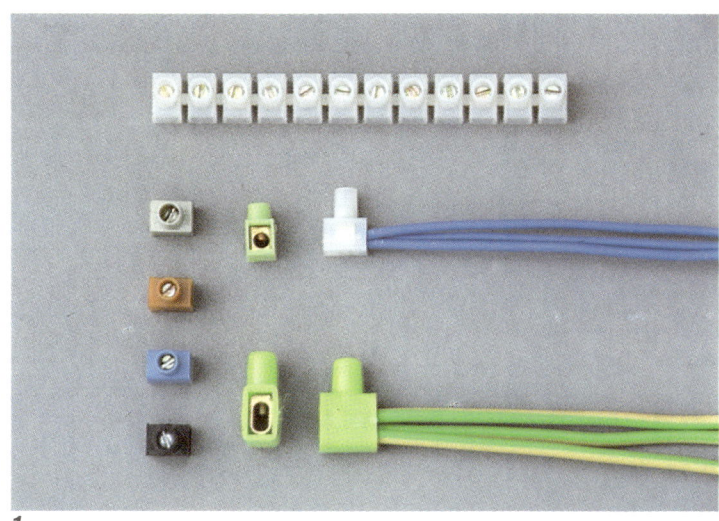

1

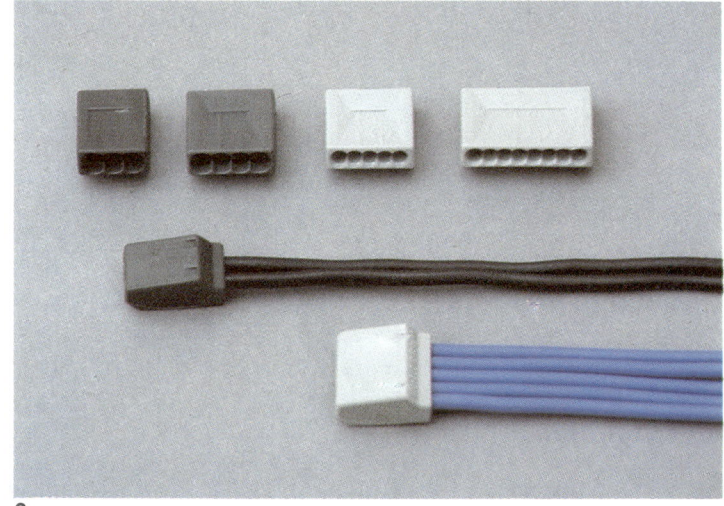

2

Meßgeräte richtig benutzen

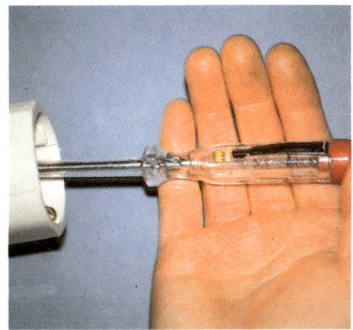

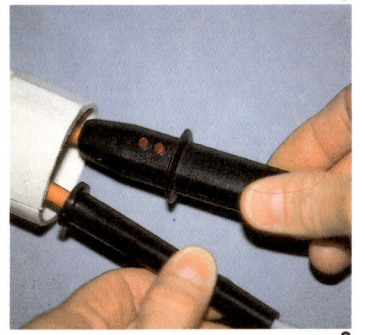

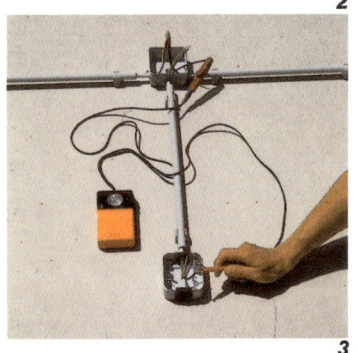

1 Das einfachste Meßgerät mit dem Sie festellen können, ob ein Leiter Spannung führt, ist der **Phasenprüfer** oder **einpolige Spannungsprüfer**. Er hat die Form eines isolierten Schraubendrehers. Die Klinge ist über einen Widerstand und eine Glimmlampe mit dem Erdungspunkt am Kopf des Kunststoffheftes verbunden. Zur Prüfung halten Sie die nichtisolierte Spitze an den Leiter und berühren den Erdungspunkt mit dem Finger. Falls Spannung anliegt, fließt ein sehr kleiner und für Sie ungefährlicher Strom über den Phasenprüfer und Ihren Körper zur Erde. Der Stromkreis ist geschlossen und die Glimmlampe leuchtet. Falls Sie auf einem gut isolierenden Untergrund stehen, leuchtet die Glimmlampe nicht auf, obwohl Spannung anliegt. Andererseits kann die Glimmlampe anzeigen, wenn der Leiter zwar stromlos, aber aufgeladen ist.

Verwenden Sie den Phasenprüfer nicht zum Ein- oder Ausdrehen von Schrauben. Er ist dafür nicht stabil genug. Überprüfen Sie immer vor Arbeitsbeginn seine Funktionstüchtigkeit an einer Steckdose. Achten Sie darauf, daß die Isolierung an der Klinge nicht beschädigt ist und sie mit 220 V in Berührung kommen könnten.

2 Während mit dem Phasenprüfer Spannung gegen Erde angezeigt wird, mißt der **zweipolige Spannungsprüfer** zwischen Phase und Neutral- oder Schutzleiter. Es können also die Funktion von Neutral- und Schutzleiter ebenfalls überprüft werden. Allerdings ist keine Unterscheidung zwischen beiden Leiterarten möglich. Teurere Ausführungen des Spannungsprüfers zeigen zudem an, ob 220 V oder 380 V anliegen. Achten Sie bei der Messung darauf, daß Sie nicht die Prüfspitzen berühren. Halten Sie in jeder Hand einen der beiden Griffe.

3 Der Durchgangsprüfer kontrolliert stromlose Leitungen auf Durchgang. An beiden Enden der Leitung wird je eine Prüfspitze angeschlossen. Je nach Schalterstellung wird beim gezeigten Modell, wenn keine Leiterunterbrechung vorliegt, dies mit einem Summton oder Lichtsignal angezeigt. Diese Messung nennt man auch »Durchklingeln«.

Unterputzdosen setzen

Zum Einbau von Unterputzgeräten müssen in den Wänden Unterputzschalterdosen eingesetzt werden. Leitungsabzweige werden in Unterputzverteilerdosen ausgeführt. In Schornsteinwangen dürfen keine Unterputzdosen eingebaut werden.

1 Achten Sie bei der Wahl der Unterputzdose darauf, daß sie für die benötigte Anzahl von Leitern ausgelegt ist. Diese Angaben sind neben dem Zeichen für Unterputzdosen ▽ in der Dose eingeprägt.

2 Zeichnen Sie die Größe der Dose an. Halten Sie bei der Wahl des Einbauortes die Lage der Installationszonen ein.

3-4 Wenn Sie nur eine Schalterdose verlegen wollen, können Sie sich die Stemmarbeiten erleichtern, in dem Sie die Verbindungsstutzen absägen. Durch die Anbaustutzen wird bei Dosenkombinationen der Abstand von 7,1 cm sicher eingehalten.

5-6 Stemmen Sie mit Fäustel und Meißel oder fräsen Sie mit einem Dosenfräser ein Loch in der Größe der Dose in die

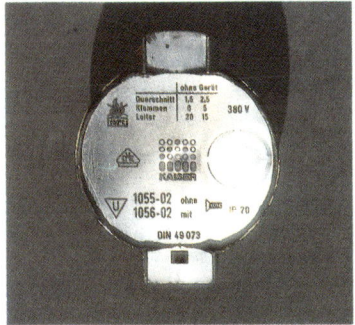

1

2

3

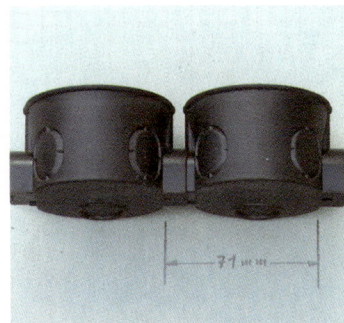

4

5

6

Wand. Fräser sind in den Größen von 68 mm ∅ für Schalterdosen und 82 mm ∅ für Verteilerdosen erhältlich.

7 Brechen Sie die nötigen Öffnungen für die Leitungen oder Rohre aus.

8-9 Die Wandöffnung wird mit dem Pinsel gesäubert und vorgenäßt. Füllen Sie eine ausreichende Menge vom angerührten Gips in das Loch und drücken Sie die Dose hinein. Arbeiten Sie zügig beim Ausrichten der Dose mit der Wasserwaage, da der Gips schnell hart wird. In Bädern und feuchten Räumen muß anstelle von Gips Schnellzement zur Befestigung verwendet werden, da Gips Feuchtigkeit bindet.

10 Lassen Sie bei noch unverputzten Wänden die Dose in der Dicke des Putzes heraussstehen.

11-12 Unterputzdosen werden immer putzbündig eingesetzt. Liegen Sie zu tief, können Putzausgleichsringe aufgeschraubt werden. Achten Sie darauf, daß die Öffnungen für die Leitungseinführung nicht durch den Gips verschlossen wird.

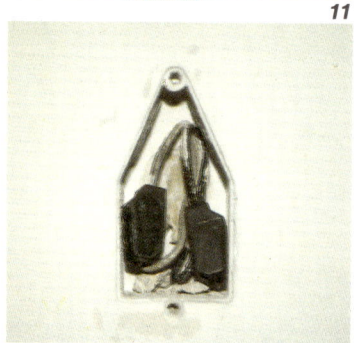

Unterputzverlegung von Leitungen

Die Unterputzverlegung wird hauptsächlich bei Rohbauten angewendet, wenn die nötigen Schlitze und Aussparungen bereits beim Mauern hergestellt werden können. Mantelleitungen sowie starre und flexible Installationsrohre können unter dem Putz, also im Mauerwerk verlegt werden.

Die Rohrinstallation empfiehlt sich dort, wo Änderungen vorgenommen werden.

Beim nachträglichen Herausarbeiten der benötigen Schlitze ist folgendes zu beachten:

– Die Standfestigkeit der Wand darf nicht beeinträchtigt werden.

– Die Schlitze sollten nicht gestemmt, sondern gefräst werden.

– Schlitze an Schornsteinen sind nicht erlaubt.

Gefräste Schlitze werden entweder mit Mauerschlitzfräsen hergestellt, oder zwei Schnitte in der nötigen Breite werden mit dem Winkelschleifer geschnitten und der Zwischenraum herausgemeißelt.

Für senkrechte Schlitze gilt:

Wanddicke in cm	11,5	17,5	24	30	über 36,5
max. Tiefe in cm	2	3	4	5	6

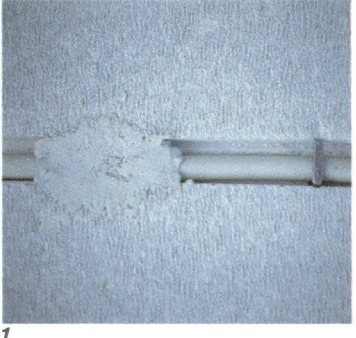

1

Mehrere Schlitze müssen einen Mindestabstand von 199 cm haben.

Waagrechte Schlitze sind nur zulässig bei Wanddicken ab 24 cm und höchstens zwei Schlitze mit 50 cm Abstand in einer Wand. Die Schlitze dürfen nur bis zu 6 cm breit und 3 cm tief sein. Bei Mehrkammerhohlblocksteinen dürfen Schlitze nur an einer Wandseite gefräst werden, bei Einkammerhohlblocksteinen sind sie ganz verboten.

1 Mantelleitungen (NYM oder NYY) werden in den Schlitzen mit Gipsflastern oder Nagelschellen befestigt.

2-4 Flexible oder starre Rohre werden mit Gipsflastern oder Hakennägeln befestigt und sol-

2

3

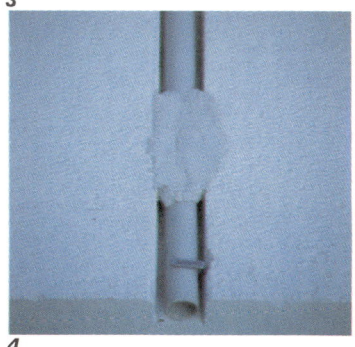

4

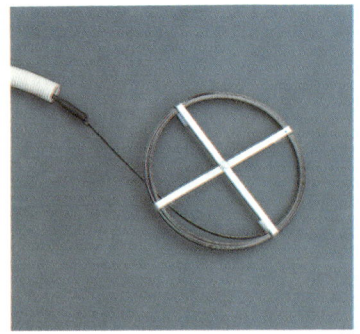

5

6

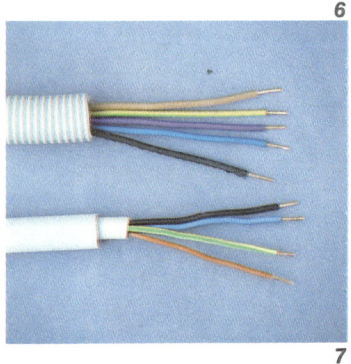

7

Maximale Leiterzahl und -querschnitt			HO7-U	NYM/NYY
Rohrgröße	11		3 x 1,5 mm²	3 x 1,5 mm²
	13,5		5 x 1,5 mm²	4 x 1,5 mm²
	16		5 x 2,5 mm²	5 x 1,5 mm²

len etwa 5 mm in die Abzweig- oder Schalterdosen hineinragen. Die Verlegung von flexiblen Rohren ist einfacher, da Bögen leicht geformt werden können. Legen Sie den Bogen nicht enger als 14 cm bei den gängigen Rohrgrößen. Nach zwei Bögen oder 10 m Rohrlänge sollten Sie eine Abzweigdose einbauen.

5-6 Erst nach der Durchtrocknung der aufgebrachten Putzschicht werden die Leitungen eingezogen. Schieben Sie die Einziehspirale durch das Rohr. Am Ende wird die Leitung angebunden und mit der Spirale zurückgezogen.

7 Wegen der Erwärmung der Leiter durch den Stromfluß ist die Anzahl der Leiter im Rohr begrenzt.
Die Tabelle oben gibt die Leiterzahl und den -querschnitt von

Ader- und Mantelleitungen für die gängigen Rohrgrößen an.

Aderleitungen (HO7V-U) dürfen nur in trockenen Räumen und nicht mit anderen Leitungen zusammen eingezogen werden. Es können nur die Adern zusammen verlegt werden, die zu einem Stromkreis gehören.

Fernsprechleitungen dürfen nicht mit Starkstromleitungen gemeinsam in einem Rohr geführt werden. Der Abstand sollte mindestens 10 mm betragen. Auch Schwachstromleitungen für Klingeln, Fernschalter usw. müssen getrennt davon verlegt werden. Nicht zulässig ist das Einziehen von Leitungen in Schächten, in denen Heizungs- oder Warmwasserrohre verlegt sind. Durch die Wärme altert die Leitungsisolation schneller.

Imputzverlegung von Stegleitungen

Stegleitungsverlegung

Der Arbeitsaufwand bei der Imputzverlegung ist geringer als bei der Unterputzverlegung, da das Ausfräsen und Stemmen von Mauerschlitzen entfällt. Damit können an schwachen Zwischenwänden, bei denen keine Unterputzverlegung aus Gründen der Stabilität erlaubt ist, sowie an Schornsteinwangen Leitungen verlegt werden. Die flachen Stegleitungen können in Wohnräumen direkt auf das Mauerwerk verlegt und mit einer mindestens 4 mm dicken Putzschicht überdeckt werden. Auf Holz, hinter genagelten oder geschraubten Wand- und Deckenverkleidungen sowie in feuchten Räumen ist das Verlegen von Stegleitungen nicht erlaubt.

1-2 Die Stegleitung wird am Ende aufgerissen und in die Unterputzdose eingeführt. Im Abstand von rund 25 cm wird die Leitung mit Stegleitungsnägeln oder auch Gipspflastern befestigt.

3 Für flache Bögen werden die Zwischenstege aufgetrennt und die Adern gebogen.

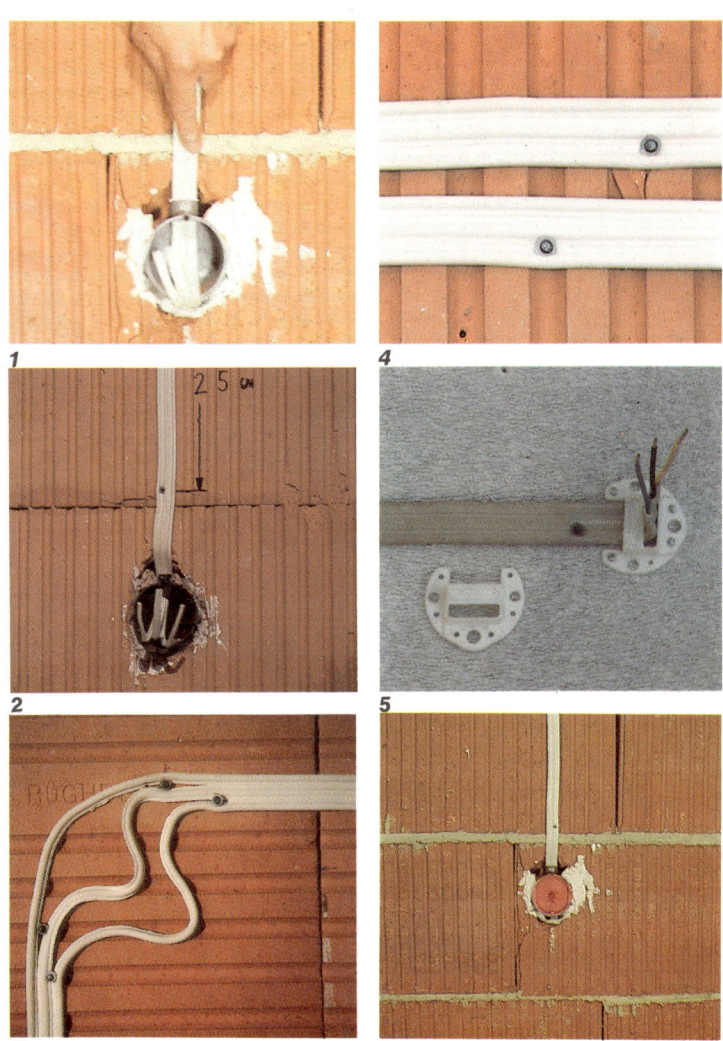

1

4

2

5

3

6

7

10

8

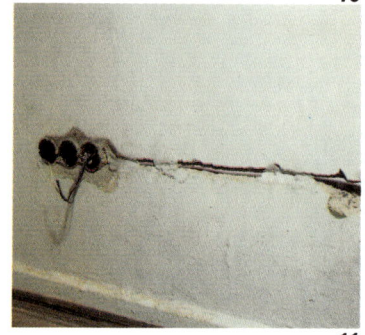

11

9

6 Vor dem Verputzen werden auf die Dosen Putzdeckel gesetzt, oder die Dosen werden mit Papier verstopft.

7 Leitung und Dosen werden eingeputzt. Der Dosenrand sollte bündig mit der Putzoberfläche abschließen.

8-9 Nach dem völligen Durchtrocknen des Putzes werden die elastischen Putzdeckel abgeklopft und abgenommen.

10 Bei der nachträglichen Imputzverlegung werden Schlitze in den Putz gestemmt, die 0,5 cm breiter sein sollen als die Leitung.

Mantelleitungsverlegung

11 Bei dicken Putzschichten können auch Mantelleitungen verlegt werden, die durch Nagelschellen oder Gipspflastern befestigt werden. Sie können auch in feuchten Räumen und in Bädern in den Zonen 0,1 und 2 verlegt werden. Bei schlechten Putzen, können bei Stemmarbeiten mitunter größere Flächen ausbrechen (siehe Abb. 12).

4 Damit die Putzschicht haftet, wird zwischen zwei Stegleitungen ein Abstand von 1 bis 2 cm gelassen.

5 Damit bei Deckenauslässen die Leitung nicht aus dem Putz bricht, können Sie Auslaßtüllen annageln.

Hohlwandinstallationen

In Zwischenwänden aus Gipskarton oder in Holzverkleidungen können Unterputzdosen nicht eingegipst werden. In solchen wärmegedämmten Wänden werden Hohlraumdosen eingesetzt, die mit dem Kennzeichen ⟨TT⟩ versehen sind.

1 Zeichnen Sie den Dosenumfang an und sägen Sie das Loch mit der Stichsäge genau aus. Leichter geht es mit einer Lochsäge mit dem entsprechenden Durchmesser von 68 mm. Versenken Sie den Rand.

2-3 Die Hohlraumdose wird eingeschoben und die beiden Schraubbefestigungen von vorn angezogen.

4 An der Wandrückseite werden dadurch zwei Metalllaschen nach außen geklappt und gegen die Wand gedrückt. Der breitere Rand an der Vorderseite verhindert das Durchrutschen.

5 Für Doppel- und Mehrfach-Kombinationen können Sie die Dosen verdrehsicher und mit isoliertem Übergang verbinden.

6-7 Zeichnen Sie genau waagrecht oder senkrecht die Ein-

1

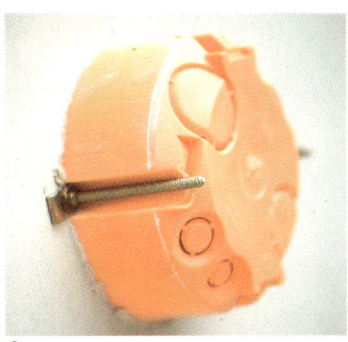

4

2

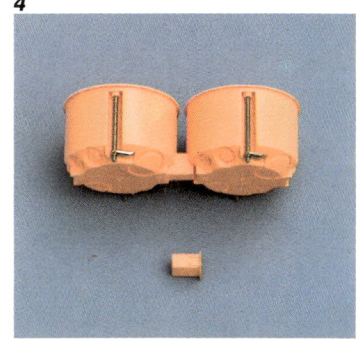

5

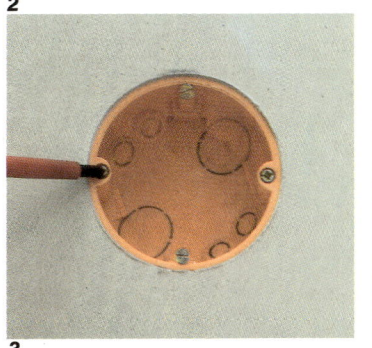

3

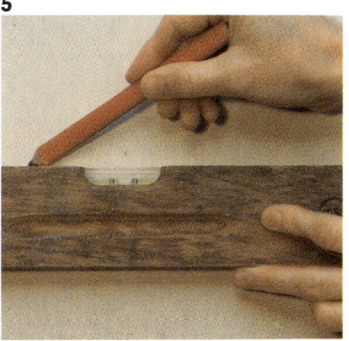

6

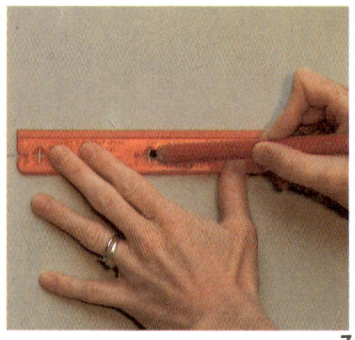

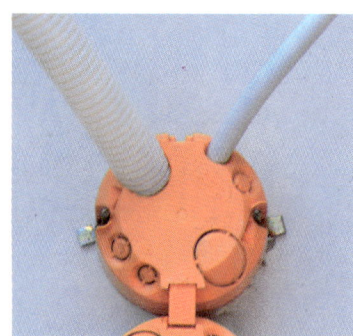

7

10

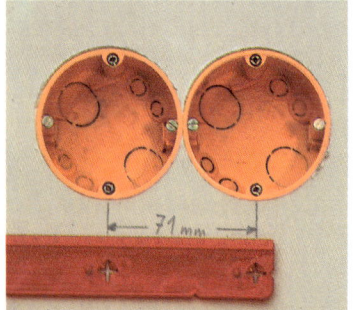

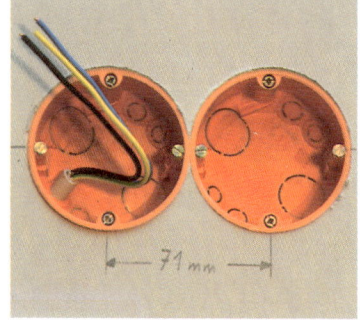

8

11

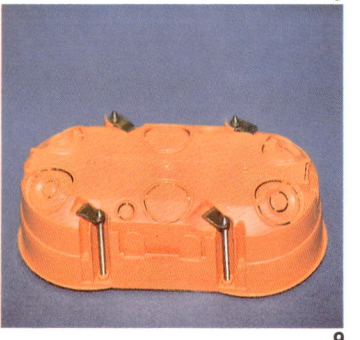

9

ben an der Rückseite Markierdorne, die in die Wand gedrückt, die Zentrierpunkte für die Lochsäge anzeigen.

Am günstigsten ist die Verlegung von Mantelleitungen in den Hohlräumen. Die Leitungen werden mit Kunststoffschellen oder mit Kunststoffbändern befestigt, falls dies möglich ist. Flexible Rohre der Ausführung ACF können ebenfalls verlegt werden. Die Mantelleitung oder das Rohr werden befestigt, bevor Sie die Dose montieren.

10. Bei flexiblen Rohren und bei nicht fest verlegten Leitungen müssen beide an der Anschlußstelle in der Hohlwanddose zugentlastet werden. Schneiden Sie mit einem Messer von den vorgesehenen Öffnungen die passende auf. Schieben Sie die Mantelleitungen oder das Rohr ein. Die enge Öffnung klemmt den Leitungsmantel oder das Rohr fest.

11 Mantel und Rohr ragen mindestens 2 mm in die Dose.

Geräteeinsätze darf man in Hohlwanddosen nur mit Schrauben und nicht mit Spreizklemmen befestigen!

bauhöhe an. Markieren Sie mit einer Anreißschablone oder dem Zollstock den Norm-Kombinationsabstand von 7,1 mm an.

8 Schneiden Sie mit der Lochsäge beide Löcher aus, montieren Sie die Dosen und stecken Sie das Übergangsstück ein.

9 Andere Hohlwanddosen ha-

Leitungen auf Putz verlegen

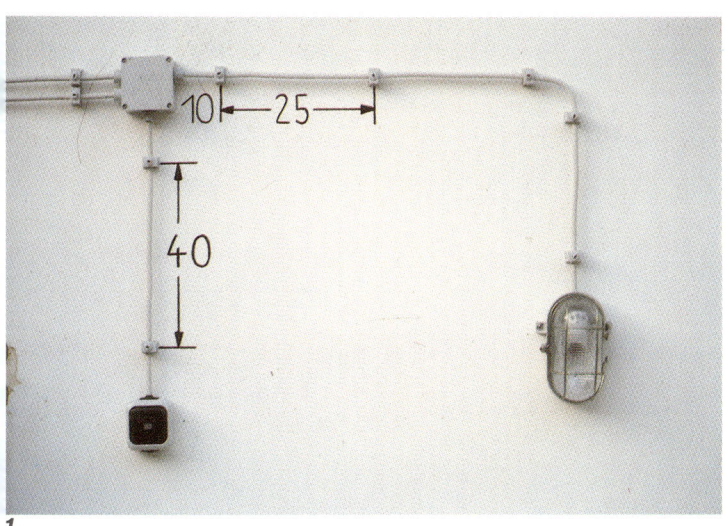

1

2

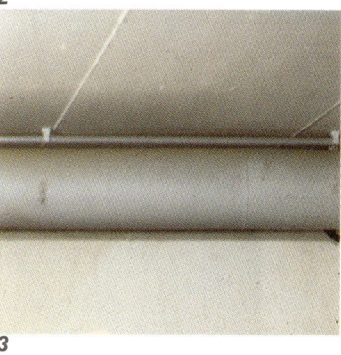

3

Bei der Aufputzverlegung sollen die Leitungen ebenfalls nur senkrecht und waagrecht verlegt werden. Nur Mantelleitungen oder Erdkabel können offen verlegt werden. Aderleitungen sind nur in Rohren zulässig.

Feuchtrauminstallationen

1 Feuchtrauminstallationen verlegt man mit Mantelleitungen auf Abstandschellen. Dabei darf der größte Schellenabstand in der Waagrechten 25 cm, in der Senkrechten 30–40 cm betragen. Vor den Geräten sollte die letzte Schelle bis zu 10 cm ent-

fernt sein. Leitungsbögen verlegt man mit einem Mindestradius von 8 cm. Die Leitungsverbindungen werden nur in Abzweigkästen ausgeführt.

2 Nicht mehr benötigte Öffnungen in den Aufputzkästen können Sie mit Blindstopfen verschließen.

Verlegung in Rohren

3 Bei unebenen Wänden können Sie zum Schutz vor mechanischen Beschädigungen, oder auch zur Arbeitserleichterung bei der Verlegung, Mantelleitun-

gen in Kunststoffrohren verlegen. Diese Rohre dürfen aber nicht in die Abzweigkästen hineinragen. Aufgrund der Stabilität der Rohre können größere Abstände für die Befestigungsclipse gewählt werden. In der Waagrechten sind bis zu 40 cm, in der Senkrechten bis zu 50 cm geeignet.

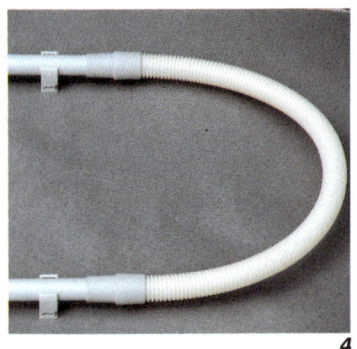

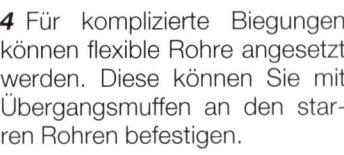

4 Für komplizierte Biegungen können flexible Rohre angesetzt werden. Diese können Sie mit Übergangsmuffen an den starren Rohren befestigen.

5 Die Befestigungsclipse können ineinandergesteckt werden. Damit brauchen Sie bei der Parallelverlegung von Rohren nicht alle Clipse befestigen.

6-7 Für das Anzeichnen von langen, geraden Linien ist die Schlagschnur geeignet. Eine mit Farbpulver bestäubte Schnur wird mit geringem Abstand an der Wand angespannt. Zupfen Sie an der Schnur, so schnellt diese dagegen und hinterläßt eine Farbspur.

Verlegung mit Nagelschellen

8 Bei der genagelten Aufputzinstallation verlegt man die Leitungen in den Wandecken oder auf Sockelleistungen möglichst unauffällig. Die Nagelschelle soll dabei die Leitung tragen.

Elektrokanäle

9 In trockenen Räumen und bei der Verlegung von mehreren Leitungen parallel verlegt man diese in Elektrokanälen entlang der Wandkanten.

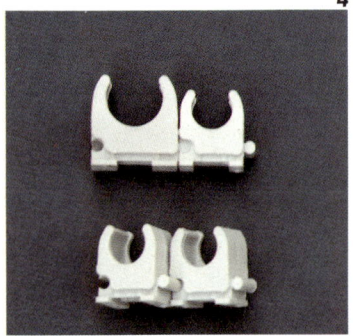

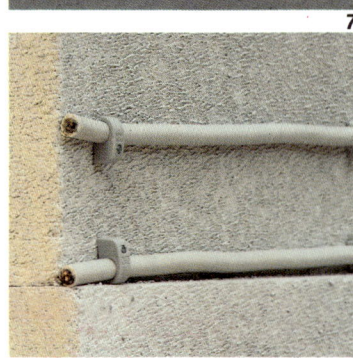

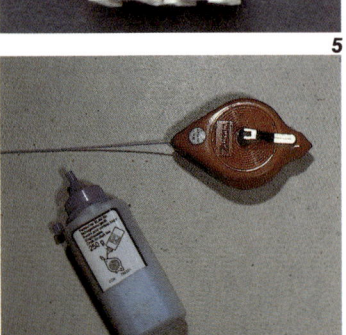

Abisolierung starrer Leitungen

1 Zum Abmanteln von Mantelleitungen können von links nach rechts: Kabelmeser mit einstellbarer Schnittiefe, das einfache Kabelklappmesser oder eine Abmantelzange verwendet werden.

2-3 Alle wirken nach dem gleichen Prinzip: Die Leitung wird an einem Messer gedreht und der Mantel rundum eingeritzt. Biegen Sie die Leitung an dieser Stelle um, damit der Mantel an der Einkerbung abbricht und abgezogen werden kann. Das Leitungsfüllmaterial ist weich und kann mit der Hand entfernt werden. Zum Abisolieren der Aderenden verwenden Sie eine Abisolierzange. Die Feststellschraube muß dabei auf den Durchmesser der Ader eingestellt sein. Wichtig ist, daß nur die farbige Isolierung, nicht aber der Kupferleiter eingeschnitten wird. Einkerbungen am Leiter führen leicht zum Bruch des Drahtes.

4-6 Die Abmantelzange ist durch ihre zulaufende Form gut geeignet, Leitungen in Dosen abzumanteln. Die Leitung wird eingeklemmt, das Werkzeug einmal ganz gedreht und der Mantel abgezogen.

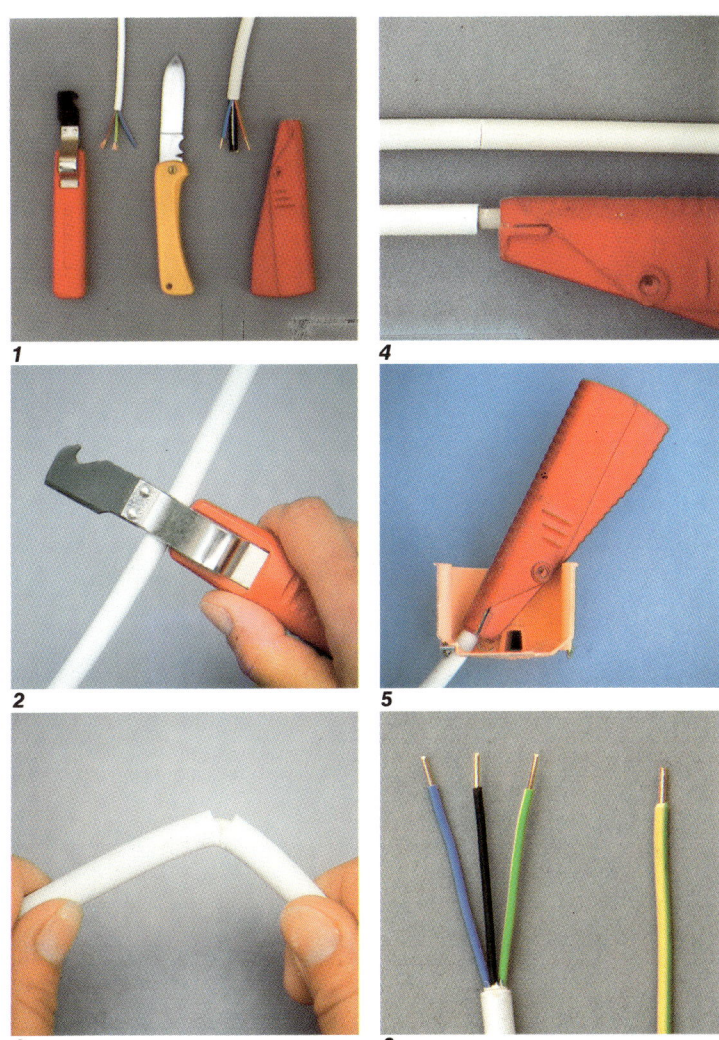

1

2

3

4

5

6

Abisolierung flexibler Leitungen

Ortsveränderliche Verbraucher oder Installationen in Möbeln werden mit flexiblen Leitungen angeschlossen.

1 Mit einem scharfen Messer wird der PVC-Mantel rundum vorsichtig eingeritzt.

2-3 Biegen Sie die Leitung an dieser Stelle um. Der Leitungsmantel reißt dadurch gänzlich ab und Sie können ihn dann abziehen. Wenn Sie beim Einritzen die farbige Aderisolierung verletzt haben, schneiden Sie die Leitung an dieser Stelle ab und beginnen erneut.

4 Entfernen Sie mit der Abisolierzange die Aderisolation nur solange wie nötig. Diese preisgünstige Abisolierzange können Sie mittels der Stellschraube für den Leiterdurchmesser passend einstellen. Sie können die Isolation auch mit einem scharfen Messer entfernen, dürfen dabei aber nicht den Kupferleiter durch Einschnitte beschädigen.

5-6 Auf die Aderenden werden Aderendhülsen aufgeschoben und mit einer speziellen Zange festgequetscht. Aderenden dürfen nicht verzinnt werden.

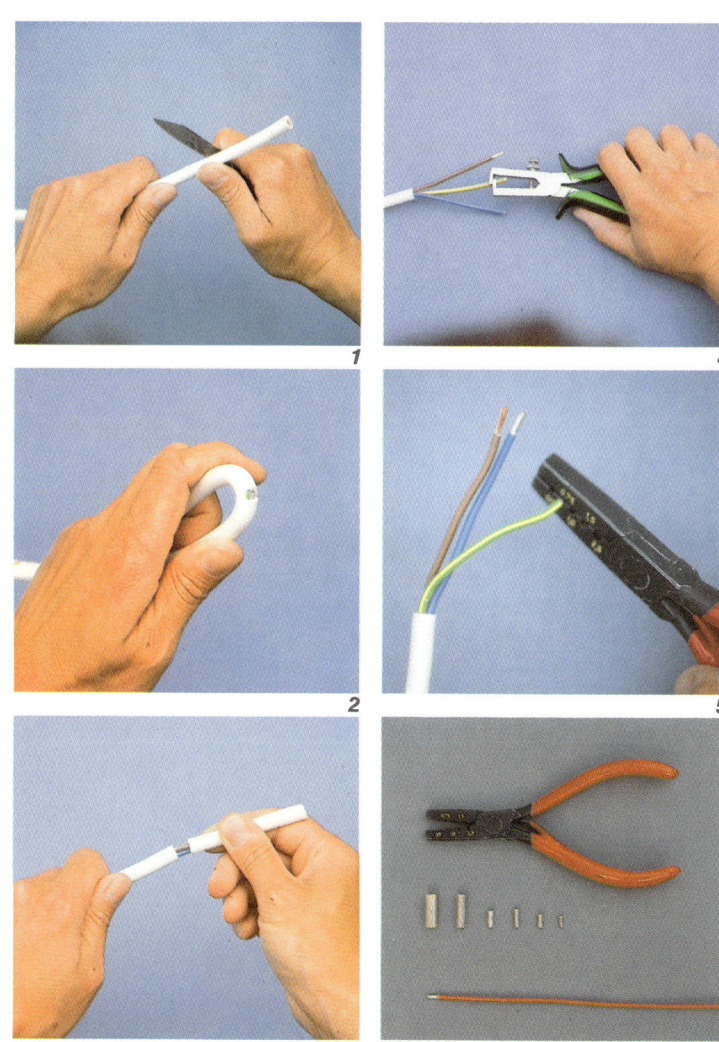

1

4

2

5

3

6

Leiter verklemmen

Der eigentliche elektrische Anschluß erfolgt durch das Verklemmen der Leiter. Wichtig ist dabei, daß die Leiter einen festen und sicheren Kontakt haben. Wackelkontakte führen wegen ihres hohen Übergangwiderstandes zu einer starken Erwärmung und sind eine Ursache für Brände.

1-3 Bei Dosenklemmen werden die blanken Aderenden mit der Kombizange leicht verdrillt. Dadurch lassen sie sich leichter in die Klemmen einführen. Die Klemmschraube soll fest angezogen werden. Vermeiden Sie starke Quetschungen der Leiter, da sie zu Drahtbrüchen führen können.

4-5 Schneller und sicherer stellen Sie den Kontakt mit schraublosen Steckklemmen her. Der Leiter wird 11 mm lang abisoliert und in die Klemme gesteckt. Je nach Ausführung können zwei bis acht Leiter verbunden werden. Zum Lösen ziehen Sie den Draht unter Drehungen aus der Klemme.

6 Steckklemmen haben eine Öffnung zur Spannungsüberprüfung.

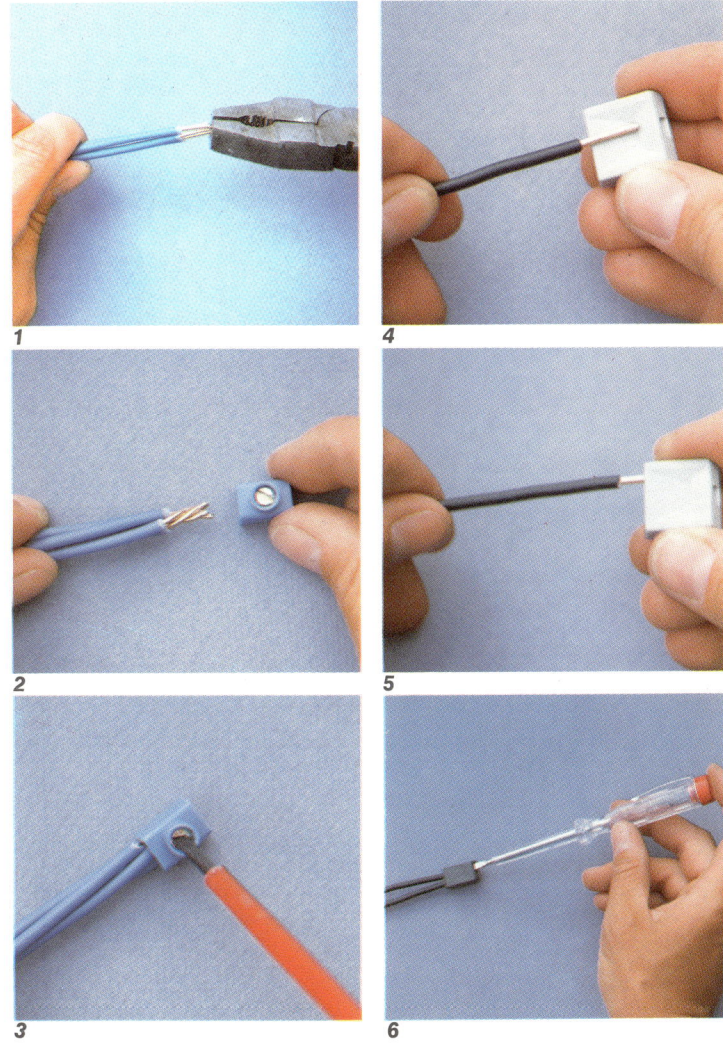

Einbau einer Steckdose

Material
Steckdose

Werkzeug

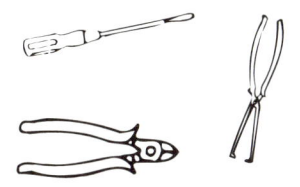
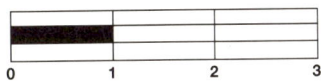
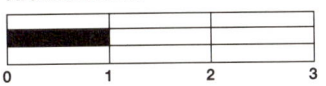

Schwierigkeitsgrad

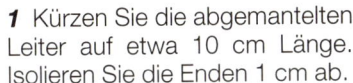

0   1   2   3

Kraftaufwand

0   1   2   3

Arbeitszeit
Sie benötigen für den Einbau einer Steckdose etwa 20 Minuten, mit Verteilerdosenverdrahtung, aber ohne Stemmarbeiten.

Ersparnis
Pro Steckdose etwa 30 DM.

Die folgende Anleitung zeigt Ihnen genau, wie Sie eine neue Unterputzdose montieren. Als Zuleitung wurde eine 3 x 1,5 mm^2 Leitung verlegt. Steckdosenstromkreise für Wechselstrom werden mit einer 16A-Sicherung abgesichert. An jeden Stromkreis sollten Sie höchstens sechs Einfach- oder fünf Doppelsteckdosen anschließen.

1 Kürzen Sie die abgemantelten Leiter auf etwa 10 cm Länge. Isolieren Sie die Enden 1 cm ab.

2 Hier sehen Sie den elektrischen Anschluß:
Phase (schwarz) und Neutralleiter (hellblau) an je einen Pol, den Schutzleiter (grüngelb) an den Schutzkontakt. Bei der Schraubbefestigung ist es wichtig, den Leiter immer links unter die Schraube zu legen, damit er beim Anziehen der Schraube nicht weggeschoben wird. Ziehen Sie die Schrauben gut an.

3 In älteren Installationen ohne Schutzleiter wird der Schutzkontaktanschluß mit Nulleiter verbunden.

4 Wenn die Anschlußklemmen der Steckdosen dafür ausgerü-

1

2

stet sind, können Sie die Leitung »durchschleifen«, d. h., einen zweiten Leiter für eine weitere Steckdose mitbefestigen.

5-6 Bei Modellen mit schraublosen Steckklemmen brauchen Sie die 12 mm abisolierten Leiter nur in die Klemmen zu stecken. Die Schutzleiterklemme ist mit ⏚ gekennzeichnet. Zum Lösen

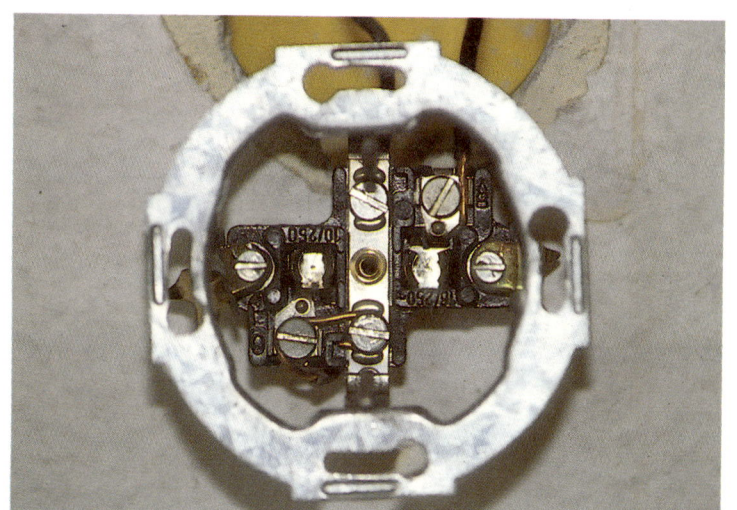

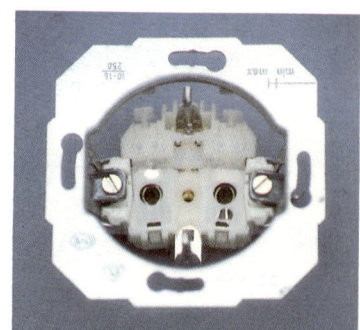

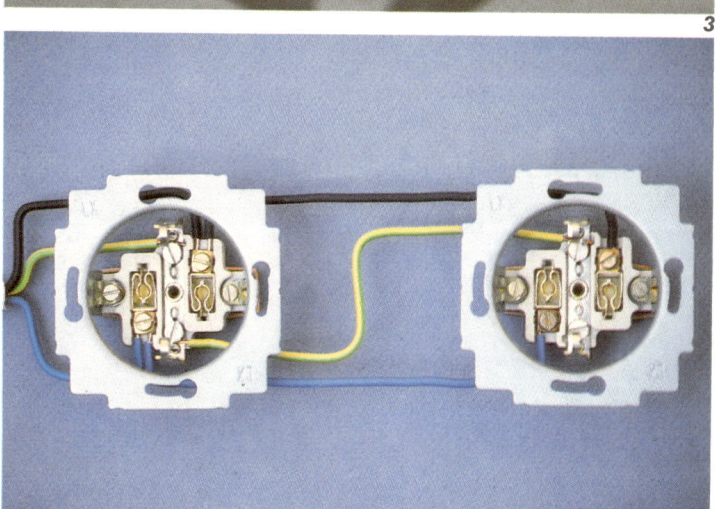

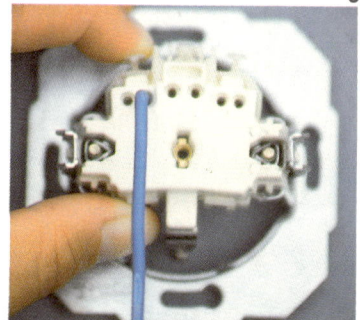

der Verbindung drücken Sie auf den Klemmhebel und ziehen den Leiter heraus.

7 In Unterputzdosen befestigt man die Einsätze durch das Anziehen der Spreizklemmen.

8 Die Abbildung zeigt einen Steckdoseneinsatz mit nicht gespreizten Klemmen, die durch ein Gummiband festgehalten werden, damit sie beim Einbau nicht stören. Beim Anziehen der Schrauben werden die Klemmen gespreizt und drücken gegen die Dosenwand.

9-10 In Hohlwanddosen schraubt man die Einsätze an.

11 Setzen Sie den Abdeckrahmen auf und schrauben Sie den Einsatz fest. Prüfen Sie nach dem Einschalten der Sicherung den richtigen Anschluß der Leiter.

12-13 Große Elektrogeräte wie z. B. ein Heißwasserboiler mit einem Stromverbrauch über 2000 W werden über Geräteanschlußdosen angeschlossen. Bei Leistungen über 4400 W ist dann ein Drehstromanschluß mit entsprechendem Leiterquerschnitt notwendig.

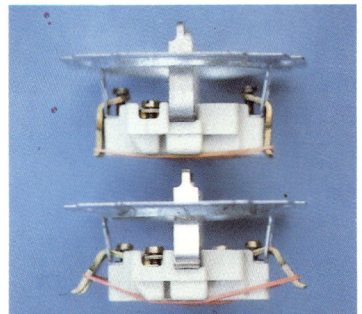

8

11

9

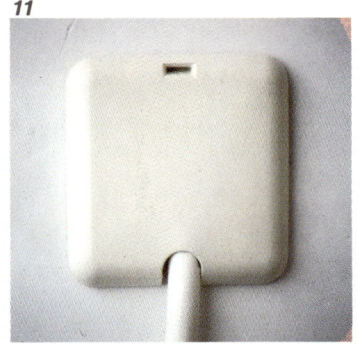

12

10

13

Aus-Schalter und Dimmer montieren

Material
Aus-Schalter oder Dimmer

Werkzeug

Schwierigkeitsgrad

Kraftaufwand

Arbeitszeit
Für den Einbau eines Aus-Schalters bzw. Dimmers mit Verdrahtung benötigen Sie etwa 20 Minuten, ohne Verlegearbeiten.

Ersparnis
Pro Aus-Schalter bzw. Dimmer etwa 30 DM.

Aus-Schalter

Aus-Schalter werden in Wohnräumen mit nur einem Zugang montiert. Die Höhe beträgt 1,05 m ab Fußboden. In Neubauten werden die Einsätze in Unterputzdosen befestigt. Von der senkrecht darüberliegenden Abzweigdose wird eine zwei- oder dreiadrige Leitung mit einem Leiterquerschnitt von 1,5 mm^2 bis zur Unterputzdose verlegt.

1 Die abgemantelten Leiter kürzen Sie auf 10 cm Länge.

2 Isolieren Sie die Leiter auf einer Länge von 12 mm ab. Der nicht benötigte Schutzleiter (grüngelb) wird mit einer Dosenklemme isoliert.

3 Den blauen Leiter dürfen Sie als Schalterdraht verwenden. Der schwarze Leiter wird hier als stromführender Leiter in die mit P gekennzeichnete Klemme gesteckt, der blaue als stromweiterführender Leiter in die mit einem wegführenden Pfeil markierte Klemme. Prüfen Sie, ob die Leiter sicher geklemmt sind. Den hier gezeigten Universalschalter mit zwei Abgängen können Sie auch als Wechselschalter benutzen.

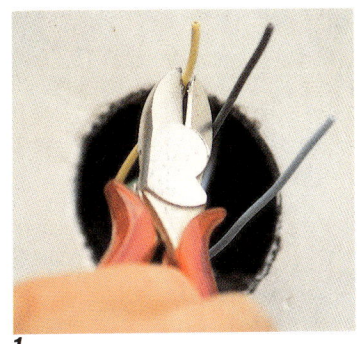

1

2

3

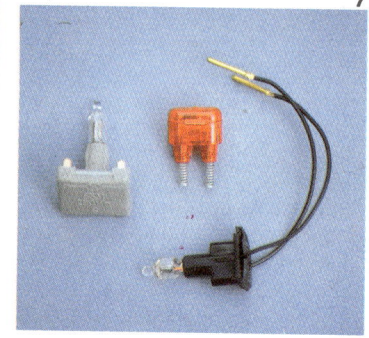

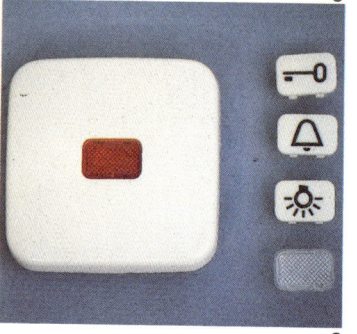

leiter miteinander, der blaue Neutralleiter von der Stromversorgung mit dem blauen Leiter der Lampenzuleitung.

Die schwarze Phase der Zuleitung wird mit dem schwarzen Leiter zum Schalter verbunden, der von dort kommende blaue Leiter mit dem schwarzen Leiter der Lampenleitung.

6-8 Sie können Schalter auch mit speziellen Glimmlampen versehen. Sie leuchtet, wenn der Schalter offen ist. Soll der Schalter nur anzeigen, ob ein Verbraucher eingeschaltet ist, muß zusätzlich der Neutralleiter zur Schalterdose mitverlegt werden.

Dimmer

Anstelle eines Ein-/Ausschalters können Sie auch einen elektronischen Helligkeitsregler setzen. Für Glühlampen sowie Leuchtstofflampen und Niedervolt-Halogenlampen sind, verschiedene Dimmer erforderlich. Achten Sie auch auf den Leistungsverbrauch Ihrer Lampen. Dimmer können nur bis zu ihrer angegebenen Leistung sicher regeln. Die auf dem Dimmer angegebenen Werte gelten für den Einbau in Steinwänden. In wärmedämmenden Wänden

4 Setzen Sie den Schalter in die Dose, ohne einen Leiter einzuklemmen. Richten Sie den Einsatz waagrecht aus und ziehen Sie die Spreizklemmen an. Montieren Sie Abdeckrahmen und Schalterwippe.

5 In der Abzweigdose werden die abisolierten Leiterenden wie folgt angeklemmt: Alle Schutz-

oder in der Nähe von Wärme-
quellen verringert sich der Wert
um etwa 20 %.

9-10 Der schwarze und der
blaue Leiter werden an die mit P
und Pfeil gekennzeichneten
Klemmen angeschlossen und
der Dimmer in der Dose befestigt. Der Anschluß in der
Abzweigdose ist mit dem eines
Ein-/Ausschalters gleich.

11 Setzen Sie die Abdeckplatte
auf und schrauben Sie die Befe-
stigungsmutter mit einem
Schraubenschlüssel fest.

12 Drücken Sie den Drehknopf
auf.

13 Falls Ihre Lampe nicht mehr
leuchtet, kann auch die Dimmer-
sicherung durchgebrannt sein.
Diese Feinsicherungen können
Sie meist ohne Demontage des
Dimmers wechseln.

14 Feinsicherungen gibt es in
den Arten: FF (superflink), F
(flink) M (mittelträge), T (träge)
und TT (superträge). Achten Sie
auf die angegebene Stromstärke neben dem Kennbuchsta-
ben.Kaufen Sie diese Sicherungen auf Vorrat im 10-Pack.

9

10

11

12

13

14

Serienschalter einbauen

Material
Serienschalter

Werkzeug

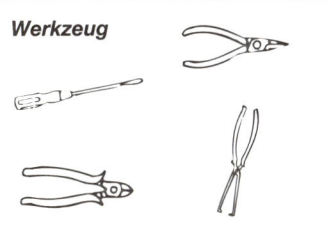

Schwierigkeitsgrad

0	1	2	3

Kraftaufwand

0	1	2	3

Arbeitszeit
Für den Einbau eines Serienschalters mit Verdrahtung benötigen Sie etwa 30 Minuten, ohne Verlegearbeiten.

Ersparnis
Pro Serienschalter etwa 45 DM.

Wenn Sie zwei Lampen an verschiedenen Einbauorten unabhängig voneinander von einer Stelle aus schalten möchten, können Sie dies durch einen Serienschalter tun. Dieser ist die platzsparende Kombination von zwei Aus-Schaltern in einem Gehäuse. Auch bei mehrflammigen Leuchten können damit entweder eine Hälfte, oder aber alle Glühbirnen zusammen angeschaltet werden.

1. Zum Serienschalter, der in einer Unterputzdose eingebaut wird, verlangen Sie eine 4 x 1, 5 mm² Leitung. Manteln Sie die Leiter ab und kürzen Sie sie auf 10 cm Länge. Entfernen Sie 12 cm Aderisolation.
Schrauben Sie an den Schutzleiter eine Dosenklemme und schließen Sie den schwarzen Leiter an die Klemme P an. Es wird nur ein Phasenanschluß benötigt, da die Phase im Innern auf beide Schalter aufgeteilt wird.
Der blaue und der braune Leiter werden als abgehende Schalterleiter benutzt.
Befestigen Sie den Schalter im Unterputzgehäuse, montieren Sie den Abdeckrahmen und die beiden Schalterwippen.

1

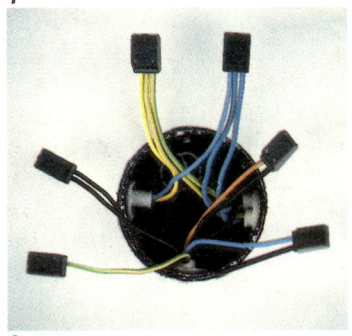

2

2 Bei räumlich getrennten Lampen verlegen Sie je eine dreiadrige Leitung zu den Lampen und schließen an eine Lampenphase den blauen, an die andere den braunen Schalterleiter an. Neutral- und Schutzleiter werden jeweils zusammengeklemmt.

Installation von Wechsel- und Kreuzschaltern

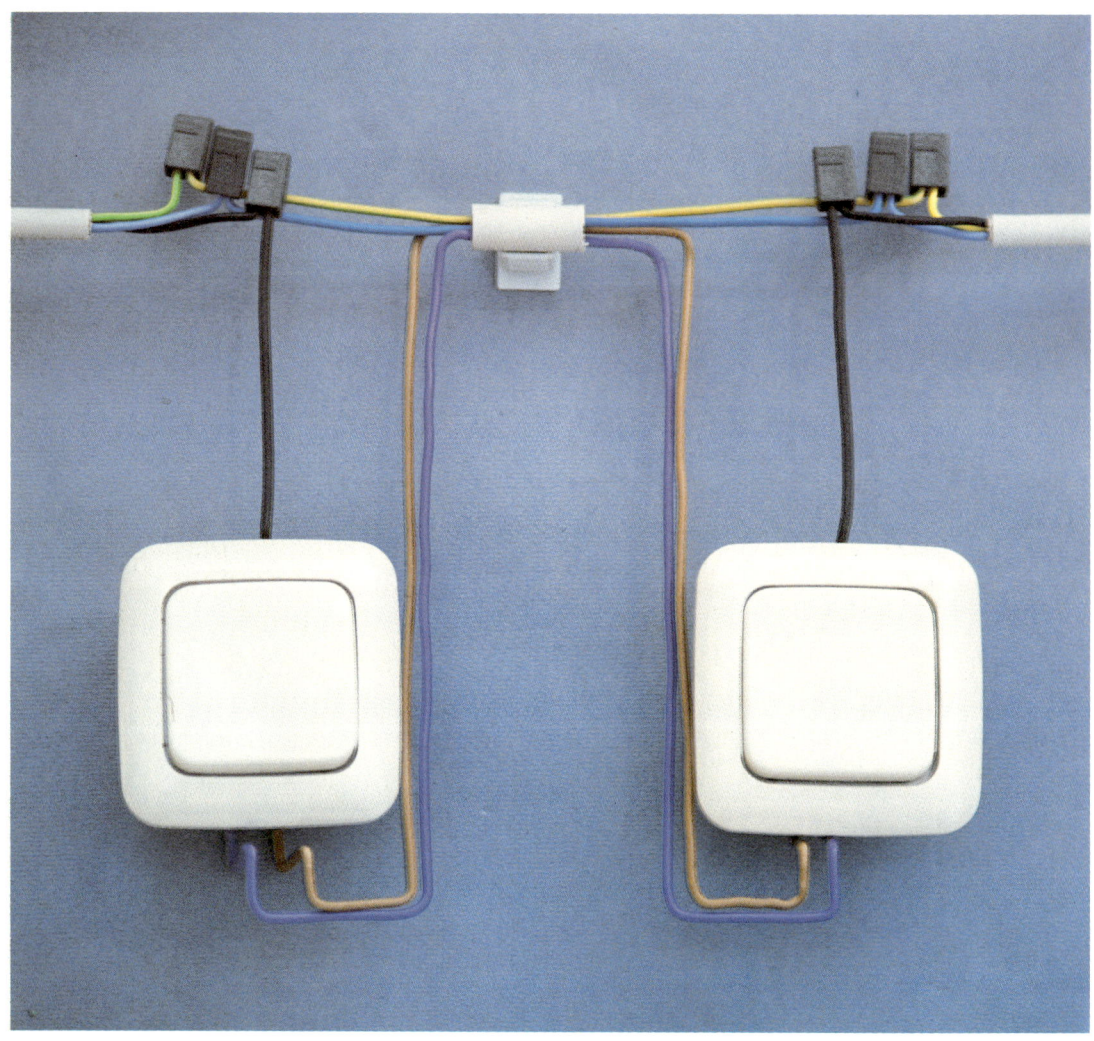

Material
2 Wechselschalter oder 1 Kreuz- und 2 Wechselschalter

Werkzeug

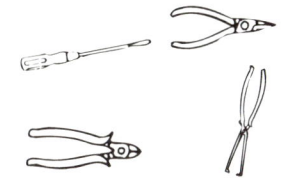

Schwierigkeitsgrad

0	1	2	3

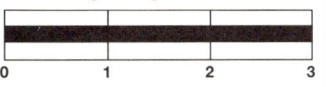

Kraftaufwand

0	1	2	3

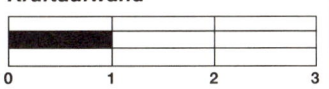

Arbeitszeit
Für den Einbau einer Wechsel- bzw. Kreuzschaltung mit Verdrahtung benötigen Sie etwa 1 Stunde, ohne Verlegearbeiten.

Ersparnis
Pro Schaltung sparen Sie etwa 60 DM.

In Räumen mit zwei Ausgängen ist es günstig, wenn von jeder Tür aus die Beleuchtung geschaltet werden kann. Dies ist mit einer Wechselschaltung möglich. Jeder der beiden Schalter kann unabhängig von der Stellung des anderen Schalters den Verbraucher schalten.

Der Aufwand zur Installation einer Wechselschaltung ist höher als bei Einzelschaltern, da die Schalter untereinander durch vieradrige Leitungen verbunden werden müssen. Die senkrecht über jedem Schalter angebrachte Abzweigdose muß für die Aufnahme von fünf Klemmen geeignet sein.

Vergewissern Sie sich vor Beginn der Arbeiten, daß die Leitungen spannungsfrei sind!

1 Verlegen Sie zwischen den beiden Verteilerdosen und zwischen den Verteiler- und Schalterdosen jeweils eine 4 x 1,5 mm² Mantel- oder Stegleitung unter Putz.

2 Manteln Sie die Leitungen in den Dosen ab und kürzen Sie sie auf etwa 10 cm Länge. Entfernen Sie 12 mm Aderisolation an den Leiterenden. In den Schalterdosen klemmen Sie

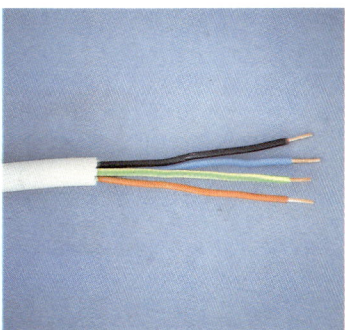

1

2

jeweils die Phase an die Klemme P, den blauen und braunen Leiter an die mit dem Pfeil gekennzeichneten Klemmen.

Der Schutzleiter darf nicht als Schalterdraht verwendet werden. Isolieren Sie ihn mit einer Dosenklemme, damit keiner mit stromführenden Teilen in Berührung kommen kann.

3

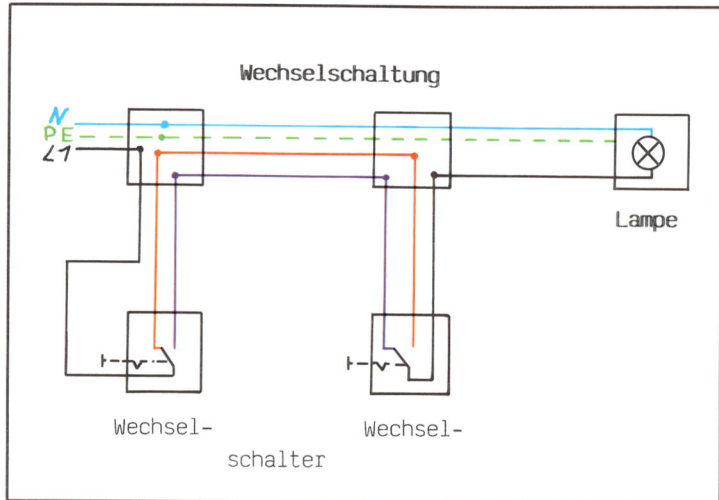

Wechselschaltung

Lampe

Wechsel-
schalter

Wechsel-
schalter

4

3 Verbinden Sie in den beiden Abzweigdosen jeweils die Schutzleiter und die beiden Neutralleiter von Stromversorgungsleitung (oder Lampenleitung) und Verbindungsleitung. Den schwarzen Schalterdraht verbinden Sie in der einen Dose mit der Phase der Versorgungsleitung, in der anderen Dose mit der Lampenphase. Die beiden Schalterdrähte (blau und braun) werden ebenfalls mit Leitern der Verbindungsleitung verklemmt.

4-5 Abbildung 4 zeigt den Stromlaufplan und Bild 5 ein Verdrahtungsmodell einer Wechselschaltung mit Stromversorgungsleitung, Verbindungsleitung und Lampenleitung.

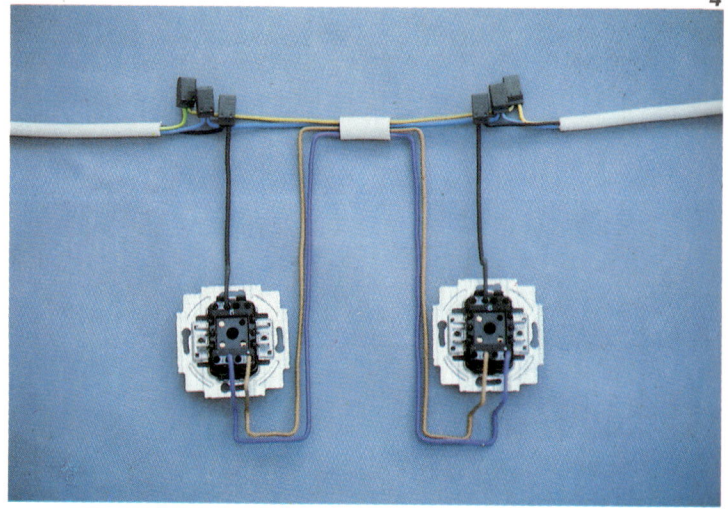

5

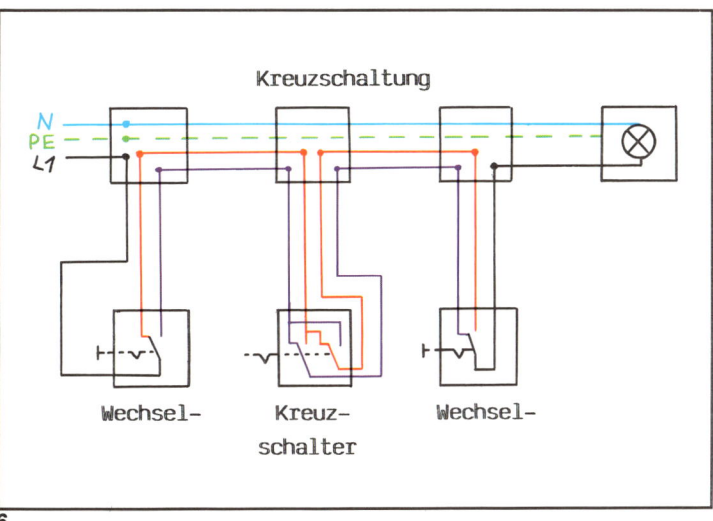

Kreuzschaltung

Wechsel-   Kreuz-   Wechsel-
          schalter

6

7

8

9

Kreuzschaltung

Im Flur einer Wohnung benötigt man meist mehr als zwei Schalter. Zu diesem Zweck kann man die Wechselschaltung mit einem oder mehreren Kreuzschaltern zur Kreuzschaltung erweitern. Bei dieser sehr aufwendigen Installation müssen Sie zu den Schalterdosen mit den Kreuzschaltern sogar fünfadrige Leitungen verlegen, da der Schutzleiter nicht als Schalterdraht verwendet werden darf.

6 Das Bild zeigt den Stromlaufplan einer Kreuzschaltung.

7 Führen Sie den Anschluß des Wechselschalters entsprechend dem bei der Wechselschaltung aus.

8 Hier sehen Sie den Anschluß eines Kreuzschalters mit den beiden hinführenden und den beiden abgehenden Leitern.

9 Nach der Befestigung in den Dosen und dem Aufsetzen von Abdeckrahmen und Schalterwippen ist kein Unterschied zwischen Wechsel- und Kreuzschalter zu erkennen.

Fernschalter einbauen

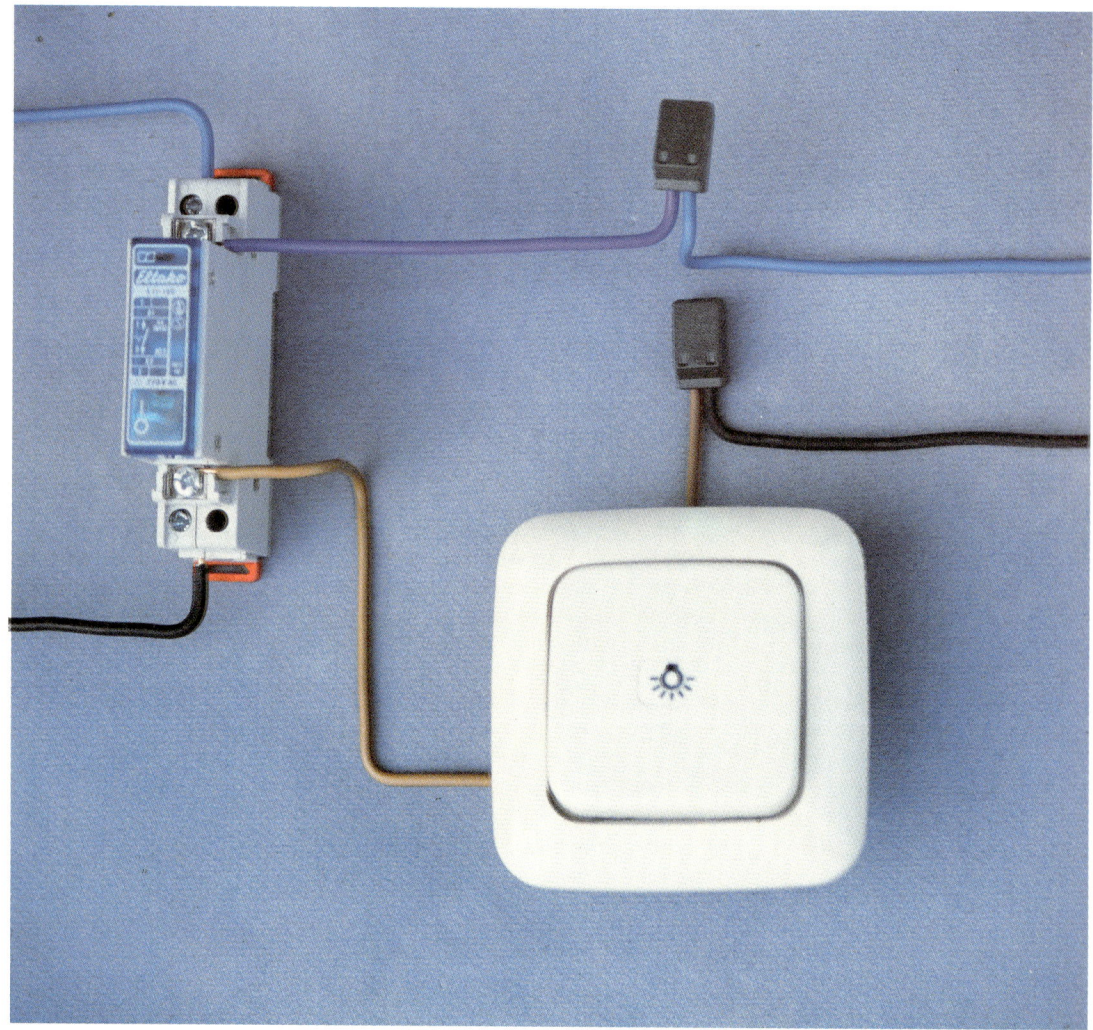

Material
1 Fernschalter und mehrere Taster

Werkzeug

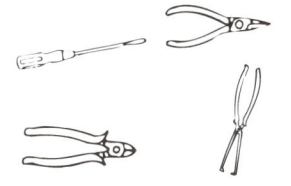

Schwierigkeitsgrad

0	1	2	3

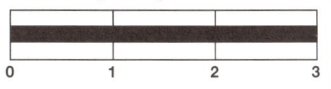

Kraftaufwand

0	1	2	3

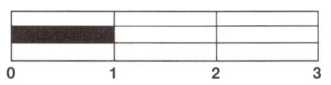

Arbeitszeit
Je nach Anzahl der Taster benötigen Sie mit Verdrahtung 1 Stunde oder mehr, Verlegearbeiten sind hier nicht eingerechnet.

Ersparnis
Pro Stunde Arbeitszeit sparen Sie etwa 60 DM.

Durch den Einbau von Fernschaltern sind nur noch zweiadrige Anschlußleitungen erforderlich und es können beliebig viele Taster parallel angeschlossen werden. Durch Stromimpulse, die durch den Druck auf den Taster gegeben werden, wird das Relais betätigt und die Phase zur Beleuchtung unterbrochen oder geschlossen. Die Abbildung auf der linken Seite zeigt das Verdrahtungsmodell eines Stromstoßschalters mit 220 V Betätigungsspannung und einem Taster.

1-2 Stromstoßschalter gibt es zum Einbau auf Trageschienen in Verteilerkästen oder in Unterputzverteilerdosen.
Auf dem Typenschild können Sie erkennen, ob eine Betätigungsspannung von 220 V, oder eine Kleinspannung von 8 V, 12 V oder 24 V nötig ist. Fernschalter mit Schutzkleinspannung verwendet man für Taster in Außenwänden oder feuchten Räumen.

3 An den Klemmen a und b liegt die Berührungsspannung an, an die Klemmen 1 und 2 schließen Sie die hin- und wegführende Phase der Lampenzuleitung an.

1

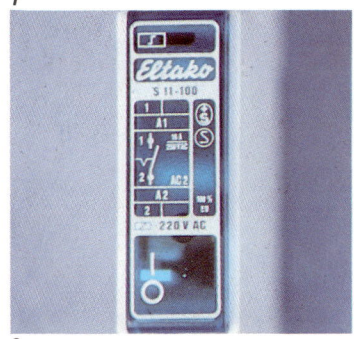

2

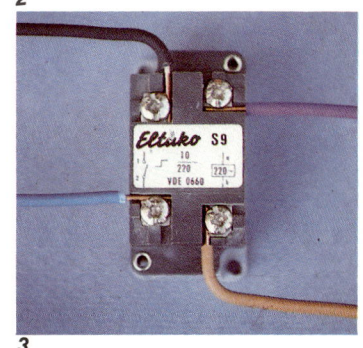

3

Installation einer Schalter-Steckdosen-Kombination

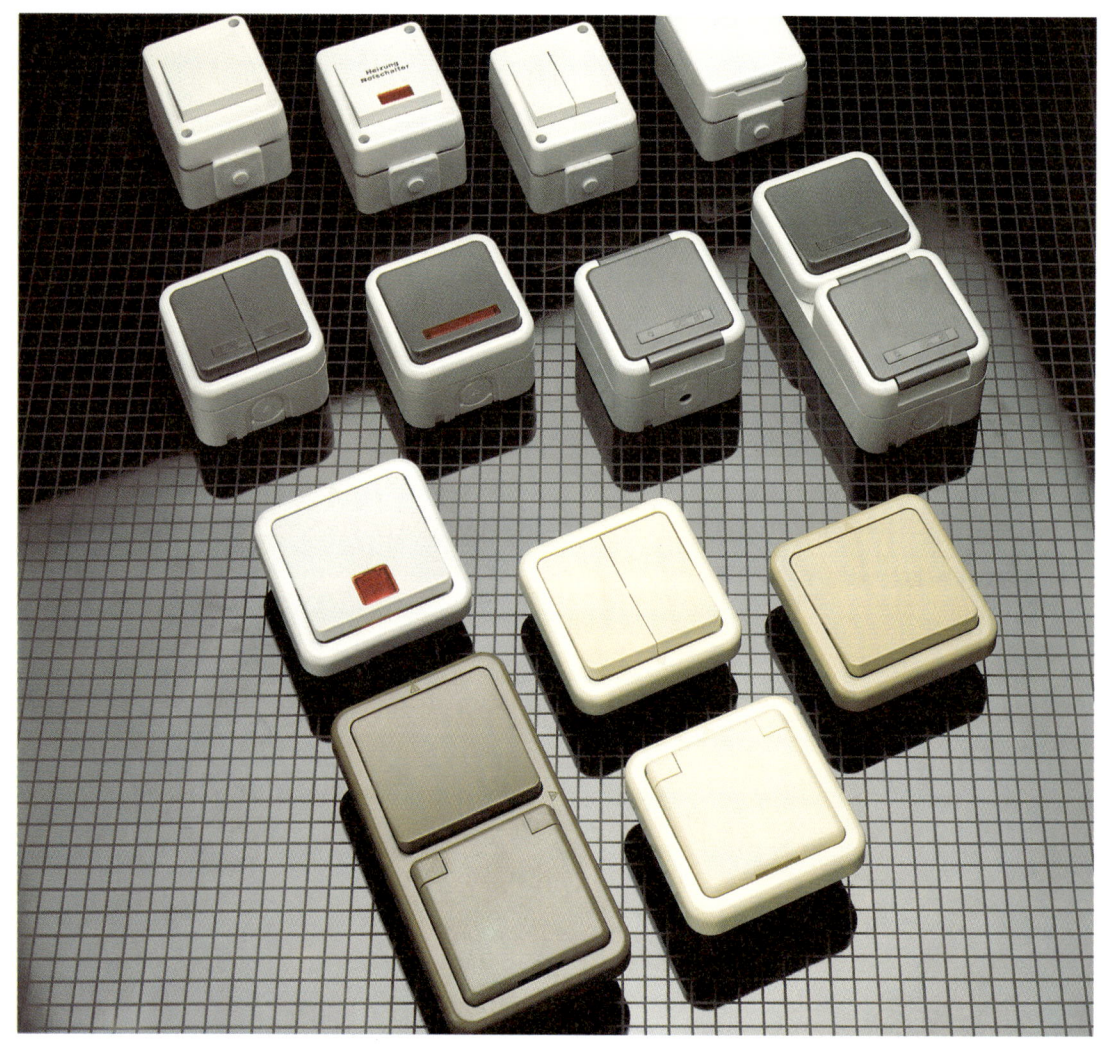

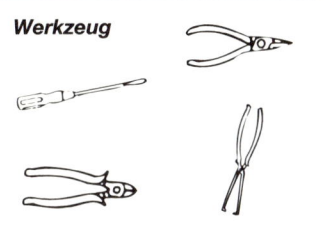
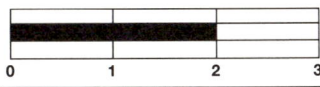
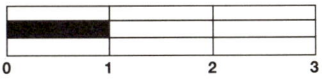
Um den Installationsaufwand zu verringern, werden oft Kombinationen von Schaltern und Steckdosen eingebaut. Im folgenden wird der Anschluß einer Feuchtraumkombination gezeigt. Der Anschluß von Unterputzeinsätzen erfolgt nach dem gleichen Schema.

1 Dübeln Sie das Gehäuse der Kombination an die Wand. Führen Sie eine 4 x 1,5 mm² Mantelleitung zum Gehäuse. Die Leiter werden wie in Bild 1 vorbereitet.

2 Klemmen Sie die Phase (schwarz) und einen zusätzlichen schwarzen Leiter an den Schalter (Klemme P). Führen Sie den zusätzlichen Leiter zur Steckdose und verdrahten Sie diese. Der braune Leiter dient als Schalterleiter und wird in die Abgangsklemme des Schalters gesteckt.

3 Verklemmen Sie in der Abzweigdose die Phase der Stromversorgung von links mit der Phase zur Kombination. Alle Neutralleiter und alle Schutzleiter werden jeweils miteinander verbunden. Der braune Leiter und die Phase der Lampenleitung (rechts) werden verklemmt.

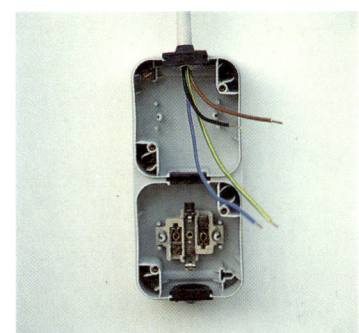

1

2

3

Aufputzinstallation in Garagen

Material

starres Elektrorohr, Schnapp-schellen, Feuchtraummantelleitung, Auf-putz-Feuchtraum-Steckdose

Werkzeug

Schwierigkeitsgrad

0	1	2	3

Kraftaufwand

0	1	2	3

Arbeitszeit

Je nach Länge der Leitung benötigen Sie 1 Stunde bzw. mehr.

Ersparnis

Durch die Selbstmontage sparen Sie 60 DM pro Stunde.

Garagen werden wie feuchte Räume installiert. Dazu werden Feuchtraummantelleitungen auf Kunststoffabstandschellen verlegt. Sie können auch zum mechanischen Schutz in Kunststoffrohre eingezogen werden.

Im folgenden wird die Erweiterung einer bestehenden Anlage mit einer Feuchtraumsteckdose beschrieben.

Vergewissern Sie sich vor Beginn der Arbeit, daß die Leitung stromlos ist.

1 Zeichnen Sie sich den Montageort der neuen Steckdose ein und setzen Sie Dübel mit 6 mm.

2. Schrauben Sie das Gehäuse fest.

3 Zeichnen Sie sich von dort bis zur Anschlußstelle den Leitungsverlauf an. Leitungen sollten nur senkrecht oder waagrecht verlegt werden. Benutzen Sie zum Aufzeichnen langer gerader Linien die Schlagschnur.

4 Beim Verlegen von Kunststoffrohren können Sie aufgrund ihrer Stabilität die Dübel für die Rohrclipse in der Waagrechten 40 cm und in der Senkrechten bis 50 cm Abstand ansetzen.

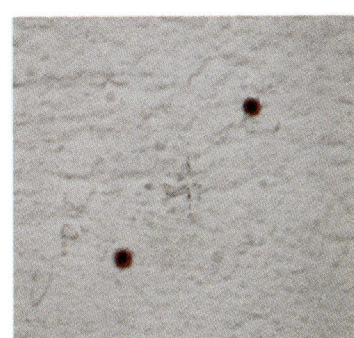

1

2

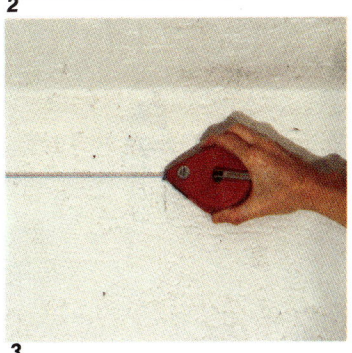

3

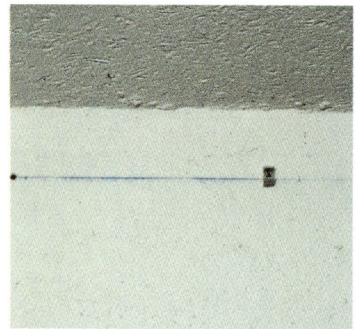

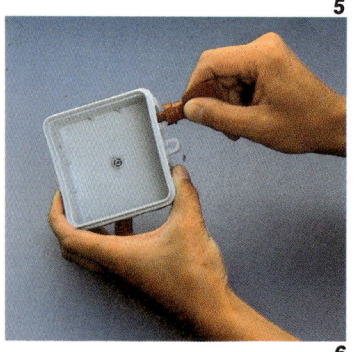

5 Schrauben Sie die für den Rohrdurchmesser passenden Clips an. Für eine 3 x 1,5 mm² Mantelleitung wählen Sie ein Rohr mit dem Nenndurchmesser 13,5. Darin läßt sich die Leitung leicht einziehen.

6 Öffnen Sie an der Abzweigdose die nötigen Eingänge für die Leitungen. Verwenden Sie dazu entweder ein spezielles Lochwerkzeug oder ein Universalmesser. Achten Sie darauf, daß die Schutzklasse (mindestens IPX1, tropfwassergeschützt) bei der Leitungseinführung erhalten bleibt. Schrauben Sie die Verteilerdose an.

7 Ziehen Sie die Leitung durch die passend abgesägten Rohrstücke und clipsen Sie die Rohre fest.
Verlegen Sie die Leitungsbögen mit einem Radius von mindestens 6 cm. Zum Ausformen von Bögen können Sie auch fertige Rohrbögen benutzen. Die Rohrstücke sind durch Muffen miteinander koppelbar.
Rohre dürfen nicht in die Abzweigkästen hineinragen.

8 An der Steckdose ziehen Sie den Dichtnippel über die Leitung. Kürzen Sie die Leitung auf etwa 12 cm. Isolieren Sie die abgemantelten Aderenden etwa 12 mm lang ab.

9 Klemmen Sie die Steckdose an: Schutzleiter (grüngelb), Neutralleiter (hellblau) und Phase (schwarz).

10 Setzen Sie den Einsatz in das Gehäuse ein.

11 Richten Sie die Adern in der Dose zum Verklemmen her.

12 Hier muß das TN-C-Netz mit Nulleiter mit Schutzfunktion auf ein TN-C-S-Netz erweitert werden. An den grüngelben Nullleiter PEN wird der grüngelbe Schutzleiter PE und der hellblaue Neutralleiter N der neuen Leitung angeschlossen. Verbinden Sie die schwarzen Phasen.

13 Bevor Sie den Abzweigdosendeckel schließen, überprüfen Sie den Schutz- und Neutralleiter sowie die Phase auf Durchgang. Schalten Sie die Sicherung ein. Mit einem Phasenprüfer können Sie die Phase auf Funktion kontrollieren.

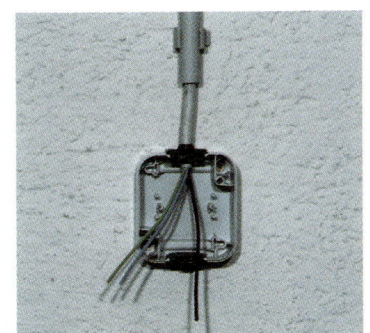

8

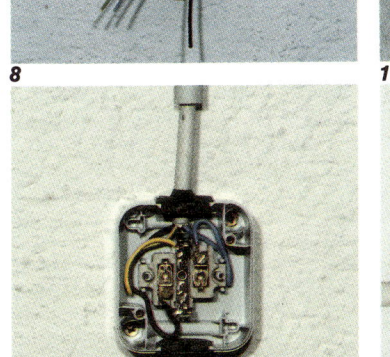

9

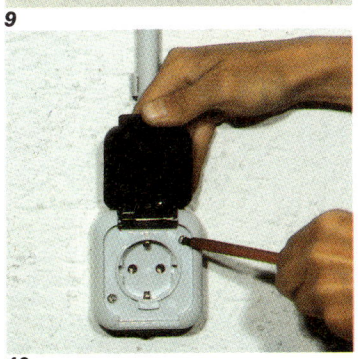

10

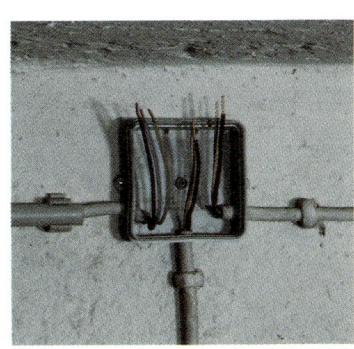

11

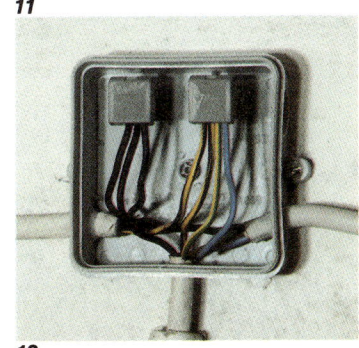

12

13

Spritzwassergeschützte Steckdosen an feuchten Plätzen

Material
Steckdose mit Klappdeckel

Werkzeug

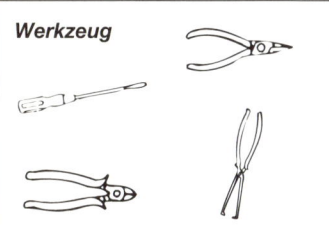

Schwierigkeitsgrad

0	1	2	3

Kraftaufwand

0	1	2	3

Arbeitszeit
Mit Verteilerdosenverdrahtung, aber ohne Verlegearbeiten, benötigen Sie 20 Minuten.

Ersparnis
Sie sparen etwa 40 DM.

Bei Steckdosen, die unmittelbar neben Waschbecken angebracht sind, besteht die Gefahr, daß Wasserspritzer eindringen können. Für den Einbau an solchen Stellen sowie an nicht geschützten Außenwänden verwenden Sie deshalb spritzwassergeschützte Steckdosen mit Klappdeckel. Sie haben die Schutzart IP X4.

Mit dem Steckdoseneinsatz wird eine Dichtung aus Kunststoff mitgeliefert. Der Abdeckrahmen für die Unterputzeinsätze kann mit einem Dichtungsgummi unterlegt sein.
Schalten Sie die Sicherung vor Beginn der Arbeiten aus.

1 In der Unterputzdose endet eine 3 x 1,5 mm^2 Leitung. Kürzen Sie die Adern auf 10 cm und isolieren Sie dann die Enden 10 mm ab. Stecken Sie den Dichtring auf. Er paßt genau in die Unterputzdose.

2 Schließen Sie die Steckdosen an und befestigen Sie diese an der Wand.

3 Setzen Sie den Abdeckrahmen auf und schrauben Sie den Einsatz fest.

1

2

3

Hausklingelanlage einbauen

Material
Klingeltransformator, Klingel, Taster

Werkzeug
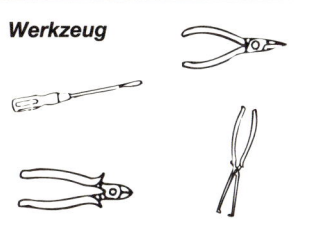

Schwierigkeitsgrad

0	1	2	3

Kraftaufwand

0	1	2	3

Arbeitszeit
Für den Einbau einer Klingelanlage benötigen Sie etwa 1 Stunde.

Ersparnis
Sie sparen etwa 60 DM.

Eine Klingelanlage wird mit Schutzkleinspannung betrieben. Diese erzeugt der Klingeltransformator, der auf der Eingangsseite an 220 V angeschlossen wird und auf der Ausgangsseite je nach Bauart 5,8 oder 12 V liefert. Die Stromaufnahme liegt zwischen 0,5 A und 1 A. Als Signalgeber wird meist ein Läutwerk oder ein Gong angebracht.

1 Nebenstehend sehen Sie die Verdrahtung einer Klingelanlage. Als Verbindungsleitungen können Sie Y-Klingeldrähte im Installationsrohr oder YR-Leitungen auf, im oder unter Putz verlegen. Schwachstromleitungen müssen Sie getrennt von Starkstromleitungen führen.

2 Verwenden Sie nur einen entsprechend gekennzeichneten Transformator. Montieren Sie ihn auf der Tragschiene im Verteilerkasten. Es gibt auch Aufputzmodelle für die direkte Wandmontage.

3 Unterbrechen Sie einen Draht vom Trafo zum Gong und klemmen Sie den Taster dazwischen. Er schließt für die Dauer des Tastendrucks den Stromkreis.

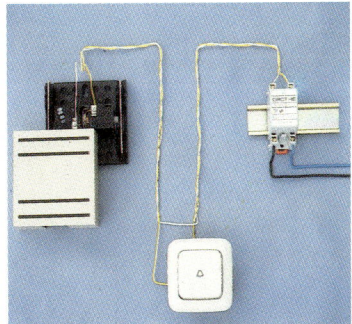

1

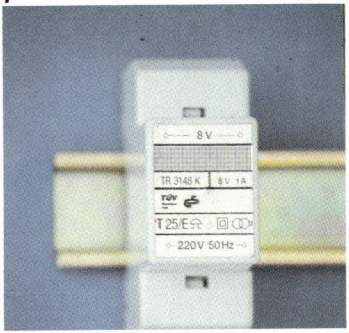

2

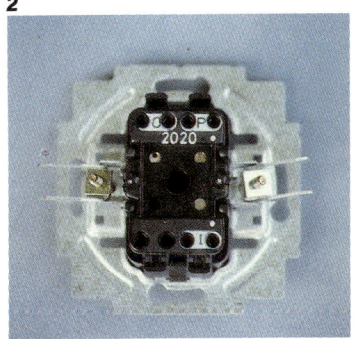

3

Stromkreis-Verteilerkasten

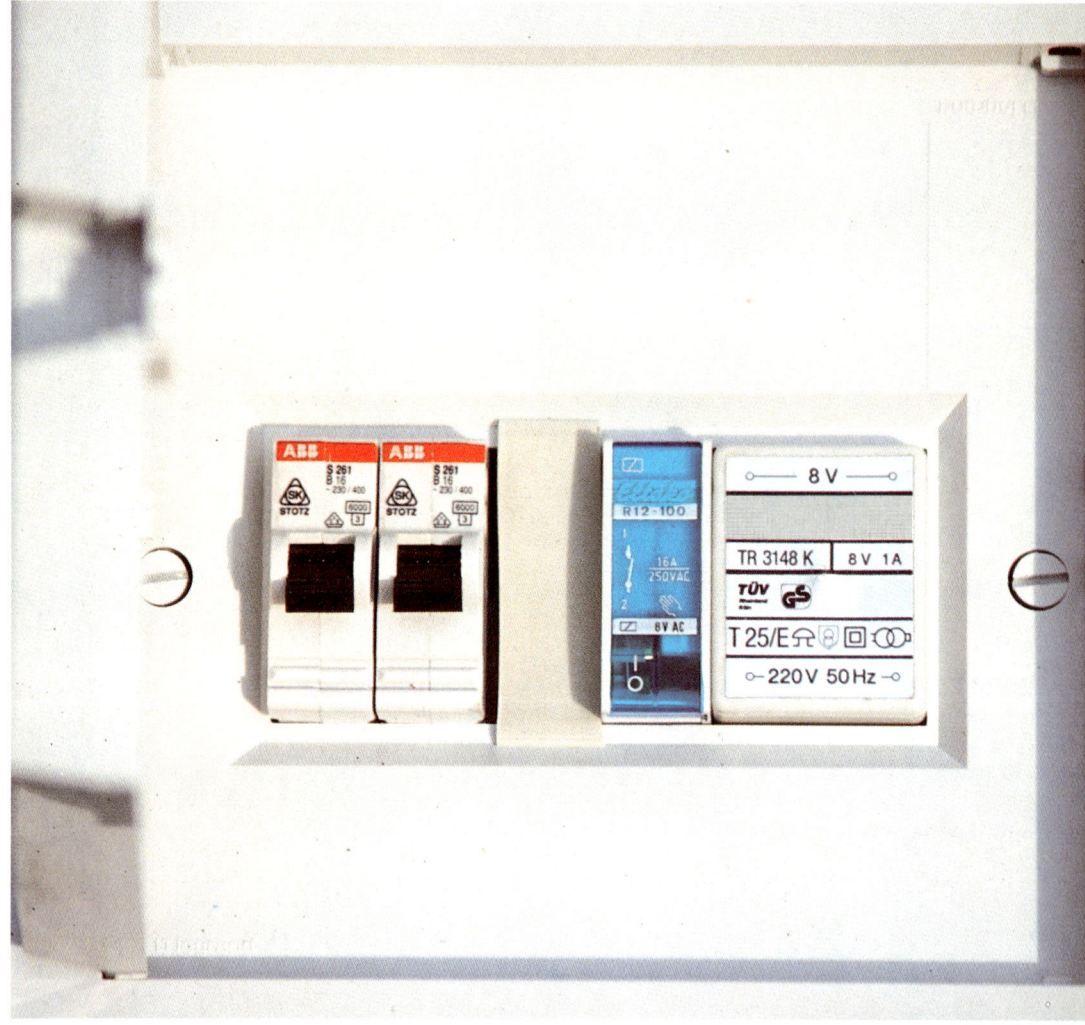

Material
Einbaugeräte für Tragschienen-montage

Werkzeug

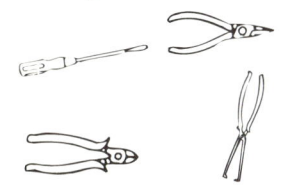

Schwierigkeitsgrad

0	1	2	3

Kraftaufwand

0	1	2	3

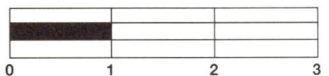

Arbeitszeit
Je nachdem, welche Einsätze Sie einbauen wollen, benötigen Sie etwa 30 Minuten bis zu 1 Stunde.

Ersparnis
Pro Stunde Arbeitszeit sparen Sie 60 DM.

In Verteilerkästen sind neben den Sicherungen auch Fehler-strom-Schutzschalter (FI-Schal-ter), Fern- und Zeitschalter, Klingeltrafos u.s.w. untergebracht. Führen Sie nur dann Arbeiten aus, wenn eine Zählernach-sicherung vorhanden ist, die Sie ausschalten können! Arbeiten Sie nie unter Spannung!

1 Diese Sicherungen sind mit einer schraublosen Schnellbefe-stigung auf Trageschienen aus-gerüstet. Mit einem Schrauben-zieher können Sie leicht wieder gelöst werden.

2 Mit dem Paßschrauben-schlüssel schrauben Sie die ent-sprechenden Paßschrauben für die Diazed-Schmelzsicherungen ein oder aus.

3 Der Neozed-Paßeinsatz-schlüssel klemmt die Hülsen-paßeinsätze. Sie können sie so in den Sicherungssockel einset-zen oder entfernen.

4 An den Paßeinsatzfarben können Sie die Netzstromstärke der Schmelzeinsätze erkennen.

5-6 Schmelzsicherungssockel schließt man so, daß die Span-

1

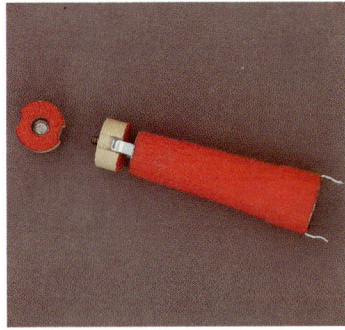

2

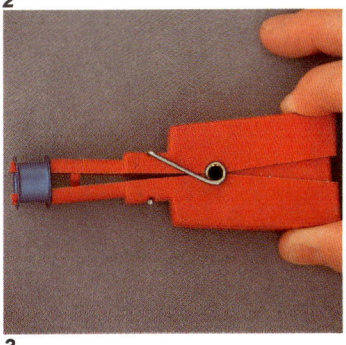

3

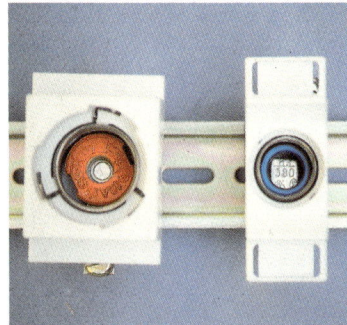

4

5

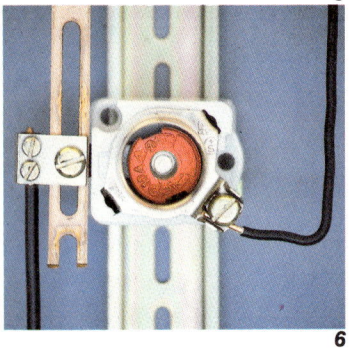

6

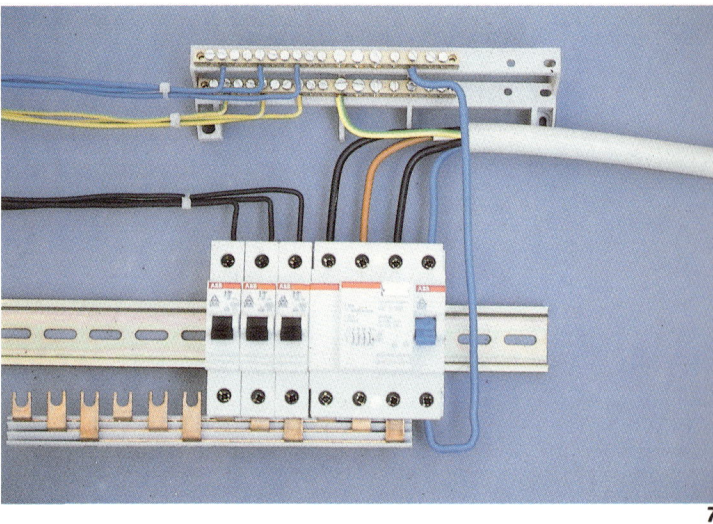

7

nung am Fußkontakt anliegt. Damit ist gewährleistet, daß Sie beim Wechseln des Schmelzeinsatzes die spannungsführenden Teile nicht berühren. Bei einphasigem Anschluß für Wechselspannung können Sie Langlochschienen zum Anschluß der Sicherungssockel verwenden. Mit Anschlußstücken wird die Verbindung zur Stegleitung hergestellt.

7 Dieses Bild zeigt die Verdrahtung moderner Leitungsschutzschalter und einem FI-Schalter mit einem dreiphasigen Sammelschienenblock. Steckdosen und Beleuchtungsstromkreise werden mit 16A-Sicherungen abgesichert. Die Leitungen haben bis zu einer Aderzahl von fünf einen Leiterquerschnitt von 1,5 mm². Sicherungen dürfen nur die Außenleiter schalten. Die Neutral- und Schutzleiter der Stegleitung und der Stromkreisleitungen werden an den entsprechend gekennzeichneten Schraubklemmen verbunden. Geräte für Kleinspannung wie Klingeltrafos, Fernschalter u.a. sollen getrennt von Starkstromleitungen verdrahtet werden.

Zum Schutz der Leitungen vor zu großer Erwärmung baut man entweder Schmelzsicherungen oder Leitungsschutzschalter ein.

8 Die verwendeten Schmelzsicherungen müssen der Betriebsklasse **gL** für »Ganzbereichs-Kabel- und Leitungsschutz« angehören. Die zulässige Nennstromstärke ist ebenfalls auf der Sicherung vermerkt. Neben der Sicherungspatrone sehen Sie einen Kennmelder, wie er beim Durchschmelzen abgeworfen wird.

9 Schmelzsicherungen sind im 10er Pack im Handel.

10 Leitungsschutzschalter gehören zum Typ B, der den seit 1990 nicht mehr hergestellten Typ L und die noch ältere »Haushaltssicherung« Typ H ersetzt.
Falls beim Einschalten von Motoren die kurzfristig auftretenden höheren Einschaltströme die Schutzschalter des Typs B bereits auslösen, kann Typ C eingebaut werden. Typ K wird für Kraftstromkreise und -geräte verwendet. Die Typen unterscheiden sich in der Einstellung des Schnellauslösers.

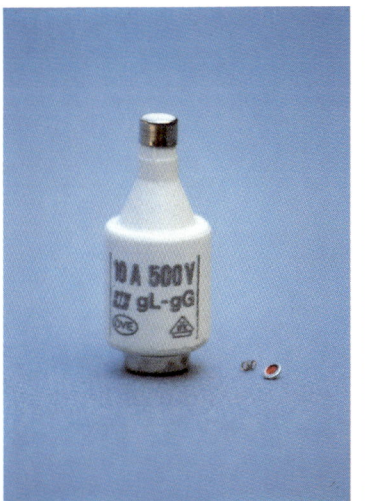

8

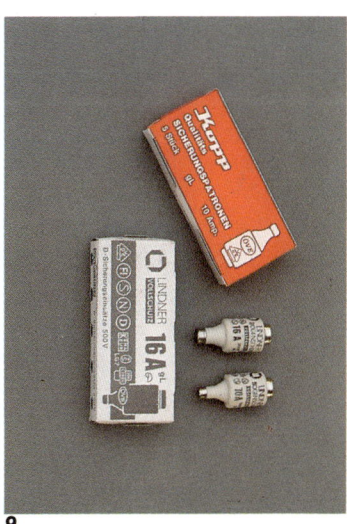

9

10

Sachwort-Register